行動裝置深度學習

李永會 著 · 博碩文化 審校

對於iOS和Android兩個平台的神經網路實踐均詳細描述

從結構到框架程式設計，從CPU到GPU程式設計皆一應俱全

以程式碼實作為主線逐步講解，由淺入深，使讀者更容易應用到實際案例中

行動裝置深度學習

作　　者：李永會
責任編輯：魏聲圩

董 事 長：陳來勝
總 編 輯：陳錦輝

出　　版：博碩文化股份有限公司
地　　址：221 新北市汐止區新台五路一段 112 號 10 樓 A 棟
電話 (02) 2696-2869　傳真 (02) 2696-2867

郵撥帳號：17484299　戶名：博碩文化股份有限公司
博碩網站：http://www.drmaster.com.tw
讀者服務信箱：DrService@drmaster.com.tw
讀者服務專線：(02) 2696-2869 分機 238、519
（週一至週五 09:30 ～ 12:00；13:30 ～ 17:00）

版　　次：2020 年 12 月初版一刷

建議零售價：新台幣 380 元
I S B N：978-986-434-547-2
律師顧問：鳴權法律事務所 陳曉鳴 律師

本書如有破損或裝訂錯誤，請寄回本公司更換

國家圖書館出版品預行編目資料

行動裝置深度學習/李永會著. -- 初版. -- 新北市：博碩文化股份有限公司, 2020.11
面；　公分
ISBN 978-986-434-547-2(平裝)

1.人工智慧 2.機器學習 3.神經網路 4.電腦程式設計

312.83　　109019088

Printed in Taiwan

推薦序一

在過去的十年，人工智慧技術尤其是深度學習（Deep Learning）技術得到了飛速發展，從理論到實踐都取得了長足的進步，成爲解決很多學術和工程問題的利器。在自然語言處理、語音辨識、圖像辨識等領域，利用深度學習技術訓練出了堪比人類、甚至超越人類的學習能力。人工智慧的成功離不開演算法、運算能力和資料三個要素的協同推進，而這些要素在不同的領域和場景下有不同的表現形式，吸引著人工智慧領域的學者、工程師和各個行業的專家們不斷探索。

在過去的十年，智慧手機快速普及。根據《工業和資訊化部關於電信服務品質的通告（2019 年第 2 號）》，我國行動電話用戶數量已達到 15.97 億戶。智慧手機成爲連接人和資訊的重要設備，對於很多人來說，甚至是唯一的設備。在智慧手機的底層能力支援下，智慧手機上的各類應用（App）蓬勃發展，以蘋果的 App Store 爲例，截至 2019 年第二季，App Store 中可下載的 App 數量已經超過 196 萬個（資料來自 Statista）。硬體和應用程式的共同發展極大地拓展、增強了人類感知、認知世界的能力，這使得智慧手機成爲人類的「新感官」。

人工智慧技術的進步和智慧手機的普及是緊密結合、相得益彰的。人工智慧技術爲智慧手機賦能，極大地拓展了智能手機的能力邊界；智慧手機爲人工智慧技術提供了豐富的應用場景，爲人工智慧技術的發展提供了動力。但是，二者的結合也充滿了挑戰。使用者對體驗有極致的追求，這就需要智慧手機及其上的應用程式能夠快速、準確地回應使用者的需求。然而，智慧手機在計算、儲存、續航等方面與電腦等設備的差異極大，這使得很多人工智慧技術無法在智慧手機上直接應用，而手機端和伺服器端的頻繁通訊又必然會導致延時和頻寬消耗。這些問題在智慧手機之外的其他行動裝置上也同樣存在。

這些富有挑戰性的問題正是工程師們的動力泉源。本書作者正是在這樣的背景下與同事們一起做了大量探索，以期讓人工智慧技術在行動端的有限資源下充分發揮價值，並且已經在百度 App 上取得了非常好的效果。永會把他們團隊多年積累的經驗凝聚成此書，以饗讀者。

本書以百度 App 中的一些實際案例爲線索，簡要介紹了理解深度學習的一些必要知識，包括線性代數、卷積神經網路和其他網路結構，然後把更多的筆墨放在了行動裝置的內部結構、組語指令、CPU 性能最佳化、GPU 程式設計以及百度的行動端深度學習框架 Paddle-Lite 上。書中提供的一些最佳化技巧具有很好的啟發性，希望能夠對更多優秀的工程師起到前導作用，幫助大家投入這一領域，充分發揮行動端深度學習的價值，爲廣大的使用者提供極致的用戶體驗。

沈抖

百度高級副總裁

推薦序二

收到永會的書稿，非常驚喜。永會在行動端深度學習技術的開發和應用領域深耕多年，累積了豐富的經驗，也是飛槳（PaddlePaddle）端側推測推理引擎的核心建設者之一。我想永會的這本書不論是對行動端的框架開發者，還是對應用開發者來說，都是很有價值的。

深度學習憑藉其突出的效果和良好的適用性，正推動著人工智慧技術邁進工業化階段。深度學習早已不局限於學術研究，它正在越來越廣闊的實際應用中發揮著重要作用。我們也注意到，深度學習應用已從雲端擴展到邊緣和終端設備。智慧手機的普及使得行動端的深度學習技術引起了廣泛重視，當然，使用者體驗和資料隱私等問題是需要考慮的。

百度作爲國內深度學習技術研發和應用的領先者，早在幾年之前就已經開始行動端深度學習計算的框架開發和應用工作了。永會作爲最早的開發者之一，見證了百度行動端深度學習框架開發和應用的歷史，也收穫了豐碩的成果，他所做的工作大大地提升了百度 App 等諸多產品的體驗效果，相關技術沉澱也促使了飛槳端側推測推理引擎的發展和成熟。

雖然永會及其團隊所做的很多工作已經透過開放原始程式碼展示出來，但是程式碼庫無法全面展示開發者的開發經驗和考量思路。行動端的深度學習開發有很強的特殊性，並且這個領域相對較新，目前還沒有太多講解深入的書籍和資料。這本書正當其時，很有意義。

永會既是底層框架開發者，也是上層應用開發者，這樣的雙重經驗非常難得，而本書的內容也充分展現了這個特質。本書從行動端深度學習應用講起，從實際應用需求講到驅動底層技術的優化，最後又透過產品落地收尾，展示行動端深度學習技術的研發對應用的推動。這樣的順序應該是便於大家閱讀和理解的。

在行動端應用深度學習技術，既要考慮深度學習技術應用的一般性問題，又要考慮行動端硬體平台和應用的特殊性，想講好其實挺不容易的。本書的主體內容全面而又精要，顯然是下了功夫的。例如，書中對行動端常用演算法和硬體儲存計算特點的介紹很清晰，能夠幫助沒有行動端開發和應用經驗的讀者快速入門，而對於有經驗的開發者，也不失為一次系統學習和思考的機會；後面關於行動端 CPU 和 GPU 的性能最佳化部分，則介紹了作者累積的很多實戰經驗；此外，關於通用矩陣計算加速、快速卷積演算法、模型或框架體積最佳化、記憶體分析、編譯最佳化等各方面的描述也都做到了深入淺出、細緻周到。可以說，本書凝聚了永會長期在一線開發的心得體會，值得仔細品味。

行動端深度學習應用方興未艾，硬體平台和演算法應用都在快速發展，並且正在向廣泛的終端設備和邊緣計算設備普及。端側深度學習的機會更多，挑戰也更大。最近，在之前行動端預測引擎的基礎上，百度飛槳發佈了 Paddle-Lite，旨在透過高擴展性架構支援更多硬體平台，提供更高性能的計算，目前還有很多工作要做。可以預見，未來會有更多的端側 AI 應用走進我們的生活，這將是非常激動人心的。

期待永會對 Paddle-Lite 做出更多的貢獻，當然也期待永會有更多的技術心得和大家分享。

于佃海

百度深度學習平台飛槳總架構師

前言

深度學習技術在近兩年飛速發展，對網際網路的許多方面產生了影響。各種網際網路產品都爭相應用深度學習技術，這將進一步影響人們的生活。隨著行動裝置被廣泛使用，在行動互聯網產品中應用深度學習和神經網路技術已經成爲必然趨勢。

一直以來，由於技術門檻和硬體條件的限制，在行動端應用深度學習的成功案例不多。傳統行動端 UI 工程師在編寫神經網路程式碼時，可以查閱的行動端深度學習資料也很少。而另一方面，時下的網際網路競爭又頗爲激烈，率先將深度學習技術在行動端應用起來，可以取得先發制人的優勢。

行動端設備的運算能力比 PC 端弱很多。行動端的 CPU 要將功耗指標維持在很低的水準，這就給性能指標的提升帶來了限制。在 App 中做神經網路運算，會使 CPU 的運算量驟增。如何協調好使用者功耗指標和性能指標就顯得至關重要。另外，App 的檔案大小也是重大考驗，如果爲了讓使用者體驗一個深度學習功能而要求其下載 200MB 甚至更大的模型檔，想必使用者是不會愉快接受的。這些都是在行動端應用深度學習技術必須解決的問題。

筆者從 2015 年開始嘗試將深度學習技術應用在行動端，在這個過程中遇到的很多問題是關於效能和功率損耗的，這些問題最後被逐一解決。現在相關項目程式碼已經在很多 App 上執行，這些 App 有日 PV 達億級的產品，也有創業期的產品。2017 年 9 月，筆者所帶領的團隊在 GitHub 上開源了該專案的全部程式碼及腳本，專案名稱是 mobile-deep-learning，希望它在社區的帶動下能夠得到更好的發展。本書也是以該項目的程式碼作爲範例進行講解的。

我們已經在多個重要會議上分享了該方向的成果，聽眾非常感興趣，會後和我們討論了很多問題，我也感覺到這些成果值得分享給更多人，於是產生了撰寫本書的想法。

目前，國內外已經有很多關於深度學習的書籍，其中一些對演算法的講述非常精闢且有深度。然而這些書籍基本上都是介紹如何在伺服器端使用深度學習技術的，針對在行動端應用深度學習技術的書籍還相對較少。

本書內容

本書力求系統而全面地描繪行動端深度學習技術的實踐細節和全景，對iOS和Android兩個平台的神經網路實踐都會詳細講述。需求不同的讀者可以根據自己的情況有重點地閱讀。精妙的演算法必須加上良好的工業實現，才能給使用者提供極致的體驗，本書以程式碼實作爲主線講述工程實踐，由淺入深，逐步增加難度，最後會將結構和組合語言知識應用到實際案例中。

這裡需要說明兩點：

- 筆者將書中出現的Paddle-Lite程式碼壓縮並放到了博碩文化的官網，讀者可以前往博碩文化的官網查看。如果想體驗最新版本的Paddle-Lite，可以直接到GitHub上搜索查看。
- 筆者將書中的連結列在表格中並放在了博碩文化的官網，讀者同樣可以到官網下載檔案，並點擊其中的連結直接瀏覽。

本書可以作爲行動端研發工程師的前沿讀物，讀者閱讀本書後，完全可以將所學知識應用到自己的產品中去；同時本書也適合對行動端運算領域感興趣的朋友閱讀。

致謝

特別感謝我的同事在本書編寫過程中提供的極大幫助，由於本書涉獵的技術方向較廣——從結構到框架程式設計，從CPU到GPU程式設計，所以有些內容請教了在相關方向更資深的同事。感謝趙家英和秦雨兩位同事對CPU性能最佳化部分提供的說明，感謝劉瑞龍和謝柏淵兩位同事對深度學習框架和GPU部分提供的說明，有了你們的說明，本書的內容才更完善、有深度，在此深表謝意。

李永會

2019年7月於北京

目錄

第 1 章 初探行動端深度學習技術的應用

第 2 章 以幾何方式理解線性代數基礎知識

第 3 章 什麼是機器學習和卷積神經網路

第 4 章 行動端常見網路結構

第5章 ARM CPU組成

第6章 儲存金字塔與ARM組合語言

初探行動端深度學習技術的應用

本章以應用案例作爲切入點，展示行動端深度學習案例程式碼編譯後的效果。希望能讓讀者對於在行動端應用深度學習技術產生興趣，而不是僅僅將其看作一連串的公式和高深莫測的概念。本章內容相對簡單，主要包括引導讀者部署環境、對程式碼簡要說明，以及在行動端應用深度學習技術的現況簡介。

1.1 本書範例程式碼簡介

爲了方便學習和講解，本書以 mobile-deep-learning 專案（參考「連結 1」）作爲範例，該專案於 2017 年開放原始碼，先後被用於百度內部的多個 App。2018 年之後，該專案被 Paddle-Lite 框架逐步取代，在本書第 8 章會介紹該框架的設計。由於 mobile-deep-learning 專案的程式碼結構簡單，更適合初學者，所以本書會多次以該專案的程式碼作爲例子進行講解。這些程式碼主要是卷積神經網路的具體實作，也就是我們經常提及的 CNN（Convolutional Neural Network）。如果尚未接觸 CNN 的相關知識，請不要著急，關於神經網路和卷積的概念會在第 3 章詳細介紹。

1.1.1 安裝編譯完成的檔案

本章示範所用的 AI 場景已經有編譯完成的 Demo 範例和原始碼，並且在 iOS 和 Android 兩個系統都提供了 Demo 安裝檔和原始碼，請參考「連結 2」。

1.1.2 在 Demo App 中應用神經網路技術

在使用一些神經網路框架進行開發時，大多數情況下並不需要對深度學習的枝微末節都有所瞭解，就可以輕鬆開發出範例中的效果。如圖 1-1 所示爲 iOS

系統下的 Demo App 安裝後的效果，該 Demo App 使用神經網路技術檢測物體的大小和位置，並用長方形標示出物體的外框。

圖 1-1　Demo App 效果圖。該 Demo App 實作了以 CPU 和 GPU 兩種模式執行神經網路

1.2　行動端主體檢測和分類

在行動端應用深度學習技術能做哪些事呢？ Android 和 iOS 系統下的兩個 Demo 主要解決了兩類問題，對應在行動端平台上應用深度學習技術的兩個常見方向。這兩類問題分別解釋如下：

- **物體在哪、有多大**

要在行動端 App 中描述物體在哪（位置）、有多大，其實用 4 個或者 3 個數值就可以。首先，必須有一個基礎點的座標，可以位於左上角或者其他頂點處。確定基礎點座標後，還需要 4 個數值來表示框選出來的物體的長寬和位置。如果展示區域是圓形的，就可以選擇物體的中心座標（確定位置）再加上半徑 r（確定大小），共 3 個數值即可。

在深度學習領域，上述確定物體大小及位置的過程叫主體檢測（Object Detection）。目前來看，如果得到能夠描述主體區域的數值，就可以在圖片或者影片中找到物體，並在物體周圍標出長方形的外框，這樣就完成了主體檢測。這個基本認識很重要，在後面章節中會重點分析如何得到所需的座標數值和範圍數值。

到這裡，我們知道了物體的位置和大小的數值是如何定義的。這一類問題屬於主體檢測問題範疇，這是一個檢測的過程，1.1.2 節的 Demo 中就應用了主體檢測技術。

- **物體是什麼**

在神經網路運算中，從演算法層面來看，主體檢測過程和辨識物體是什麼的過程，在計算方式上是完全相同的，差別在於最後輸出的數值。主體檢測過程中，輸出的是物體的位置及尺寸資訊；而辨識物體是什麼的過程輸出的是所辨識的物體可能屬於哪些種類，以及該物體屬於每個種類的可能性（機率），如表 1-1 所示。

表 1-1　物體辨識過程得出的機率分佈表

猜測物體種類	屬於這個種類的可能性（機率）	猜測物體種類	屬於這個種類的可能性（機率）
桌	50%	水杯	10%
椅	10%	棋盤	1%
板凳	2%	……	……
電腦	20%		

由表 1-1 可以看出，物體辨識過程從本質上講就是一個分類過程。正因如此，在深度學習中將這個過程稱爲分類。

1.3　在線上產品中以「雲 + 端計算」的方式應用深度學習技術

上面介紹了深度學習技術的兩個基本應用場景——檢測和分類。目前常見的神經網路大多是部署在雲端伺服器上，並藉由網路要求來完成互動的。純雲端計算的方式簡單可靠，但是在用戶體驗方面卻存在諸多問題，例如網路要求的速度限制等。

接下來看一下在實際應用中，「雲+端計算」這種方式的應用場景。本書後半部分會全面地介紹完全在行動端計算的解決方案。

圖 1-2 展示了百度 App 的首頁，可以點選搜索框右側的相機圖示（箭頭處）進入圖片搜索介面。

圖 1-2　百度 App 的圖片搜索入口

進入圖片搜索介面後，可以對著物體、人臉、文件等生活中的一切事物拍照，並進行搜索，如圖 1-3 所示。

圖 1-4 展示的是進入手機百度圖片搜索介面後的 UI 效果。圖片中的框體就應用了典型的主體檢測技術。其中的白色光點不需要理會，它們應用的是電腦視覺技術，不屬於神經網路演算法範疇。

還有一類 App 會用到深度學習技術，比如幫助使用者對照片進行分類的 App，如圖 1-5 所示。這類 App 要對大量圖片進行分類，如果在伺服器端遠端處理後再返回行動端，那麼性能和體驗都會非常差，也會消耗大量的伺服器資源，企業成本會驟增，因此建議將部分計算放在行動端本地處理。「拾相」這款 App 就使用了深度學習技術對圖片進行本地快速分類，這樣不但可以提升用戶體驗，而且不會佔用大量伺服器端 GPU 來維持 App 分類的穩定。

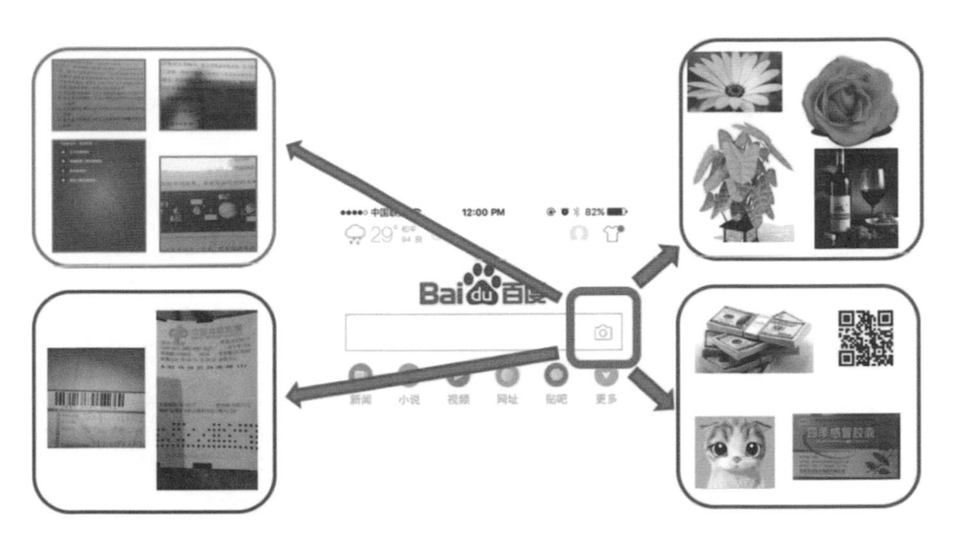

圖 1-3　拍照並進行搜索

圖 1-4　行動端自動辨識物體區域

圖 1-5　使用行動端深度學習技術對圖片分類

1.4 在行動端應用深度學習技術的業界案例

在網際網路的行業中，行動端應用深度學習技術的案例也越來越多。從深度學習技術的執行端來看，主要可以分為下面兩種：

一種是完全在行動端執行，這種方式的優點顯而易見，那就是體驗佳。在行動端高效率的執行神經網路，使用者使用起來會感覺沒有任何延遲，非常流暢。前面的「拾相」和手機百度中的圖片搜索都屬於這一類，還有其他一些比較好的應用，典型的如辨識植物花卉的 App「識花」，見 1.4.1 節中的例子。

另一種是在伺服器端執行深度學習技術，行動端只負責 UI 展示。在第一種類別出現之前，絕大部分 App 都是使用這種在伺服器端運算、行動端展示結果的方式。這種方式的優點是製作容易，開發成本低。

1.4.1 植物花卉辨識

花卉辨識的 App 近兩年來有增多的現象，「識花」是微軟亞洲研究學院推出的一款用於辨識花卉的 App，如圖 1-6 所示，用戶可以在拍攝後查看花卉資訊，App 會展示出該類花卉的詳細相關資訊。精準的花卉分類是其對外宣傳的一大亮點。

圖 1-6 識花 App

1.4.2　奇妙的風格化效果

將電腦視覺技術應用在 App 中，可以為圖片實現濾鏡效果。使用深度學習技術實現的風格化濾鏡效果非常魔幻。例如，Philm 這款 App 就可以提供非常出色的體驗，它使用了深度學習技術，有不少風格化濾鏡效果，圖 1-7 中的左圖是原圖，右圖是增加濾鏡效果之後的圖。

圖 1-7　Philm 的濾鏡效果展示

除此之外，還有許多產品也嘗試了在行動端支援影片、圖片的風格化，如 Prisma 和 Artisto 這兩款 App 也都可以達到風格化的效果。

1.4.3　影片主體檢測技術在 App 中的應用

深度學習技術在行動端的應用越來越多，影片主體檢測技術在 App 中的應用也在擴大。目前，手機使用影片主體檢測技術進行身份認證已經是非常普遍的事。影片主體檢測技術主要根據物體的特徵來進行判別，整個流程（如辨識和監測）包含大量的神經網路計算。圖 1-8 是我們團隊在 2017 年做的一個 Demo，它藉由即時辨識影片中的圖像主體，再透過該區域進行圖片搜索，就可以得到商品、明星等多種垂直分類相關圖片的資訊。

圖 1-8　行動端影片播放器中的影片主體檢測效果

你可能會問，這個功能的意義是什麼？直接來看，我們可以利用此技術爲影片動態新增演員註解，並且動態支援「跳轉到 xxx（某個明星的名字）出現的第一個鏡頭」這樣的命令。另外，我們還可以思考一下這個功能可以進行商業化的方式有哪些可能性。例如，假設某個女士看到影片中出現了她喜歡的包包，但是不知道在哪裡能夠買到。使用了影片主體檢測技術後，可以讓用戶自行篩選，然後在影片中自動提示包包的產地、品牌等資訊，甚至可以讓使用者直接購買。這樣就能延伸出非常多的移動 AI 場景。

1.5　在行動端應用深度學習技術的困難點

1.5.1　在伺服器端和行動端應用深度學習技術的難點對比

在行動端應用深度學習技術，要考慮各種機型和 App 指標的限制，因此困難點較多。如何使深度學習技術穩定且有效率的執行在行動裝置上是最大的考驗。解析落地過程中的複雜演算法問題，就是行動端團隊面臨的首要挑戰。透過對比伺服器端的情況，更容易呈現行動端應用深度學習技術的難點，對比如表 1-2 所示。

表 1-2　在伺服器端和行動端應用深度學習技術的困難點比較

項目	伺服器端	行動端
記憶體	記憶體較大，一般不構成限制	記憶體有限，很容易構成限制
耗電量	不構成限制	行動裝置的耗電量是一個很重要的限制因素
資料庫大小	不構成限制	因為行動裝置儲存空間有限，所以資料庫大小容易構成限制
模型體積	常規模型體積為 200MB	模型體積不宜超過 10MB
性能	GPU box 等叢集式計算量很容易超過每秒 1 萬億次浮點運算 (Tflops)	手機 CPU 和 GPU 極少能達到 Tflops 級別的運算能力，多數集中在 Gflops（每秒 10 億次浮點運算）等級

在行動端 App 的開發過程中，需要克服以上所有困難，才能在行動端應用相關技術。將 Demo 的展示效果轉化為億級安裝量的 App 線上效果，並不是一件容易的事情。在行動端和嵌入式設備的 App 中使用深度學習技術，可以大大提升 App 給用戶帶來的體驗。但是，單純應用深度學習技術還不能實現所有想要的效果，往往還要結合電腦視覺相關的技術，才能解決從實驗到上線的難題。工程師需要具備將工程與演算法結合的能力，才能綜合運用多種技術解決問題。在行動端應用深度學習技術時，往往沒有太多可以查閱和參考的資料，需要開發人員活學活用，因地制宜。接下來透過實際案例看一下，如何使用各種辦法來達到 AR 即時翻譯功能。

1.5.2　實作 AR 即時翻譯功能

AR 即時翻譯能夠達到所見即所得的翻譯效果，什麼意思呢？來看下面的例子，在圖 1-9 中，電腦螢幕上有「即時翻譯」四個字，將其放在百度 App 圖片搜索即時翻譯框中，就能得到「Real-Time translation」，而且手機上的文字和電腦螢幕上的文字具有同樣的背景色和文字顏色。

圖 1-9　即時翻譯效果圖

AR 即時翻譯功能最早在 Google 翻譯軟體中應用並上線，Google 使用了翻譯和 OCR（圖片轉文字）模型全部離線的方式。翻譯和 OCR 離線的好處是，使用者不需連上網路，也能使用即時翻譯功能，且每幀圖片在及時處理運算後即時貼圖，以達到即視效果。

但是全部離線的方式也有弊端，那就是 OCR 和翻譯模型體積較大，且需要使用者下載到手機中才可以使用。另外離線 OCR 和離線翻譯模型壓縮體積後會導致準確率降低，使用者體驗變差：Google 翻譯 App 中的片語翻譯效果較好，但在翻譯整句和整段文章時就表現不夠理想。

2017 年下半年，筆者參與並主導了百度 App 中的即時翻譯工作的落地。在開始時，團隊面對的首要問題是，翻譯計算過程是使用伺服器端回傳的結果，還是使用行動端的本機計算結果？如果使用行動端的計算結果，使用者就不需要等待伺服器端回傳結果，能夠減少不必要的延遲。我們只需要針對行動端的 OCR 和翻譯的計算過程，在行動端做性能調整，即可保證每一幀圖片都可以快速貼圖。行動端性能的最佳化技術其實是我們更擅長的。這樣看來，似乎使用行動端計算結果的優點很多，但是其缺點也不容忽視——長篇文章可能出現「牛頭不對馬嘴」的翻譯效果。經過分析和討論，我們回到問題的本質：AR 即時翻譯的本質是要給用戶更好的翻譯效果，而不是看似酷炫的即時黏貼技術。

最後，我們選擇了使用伺服器端的回傳結果。圖 1-10 就是上線第一個版本後的試用效果，左邊是原文，右邊是結合了翻譯結果和背景色的效果。

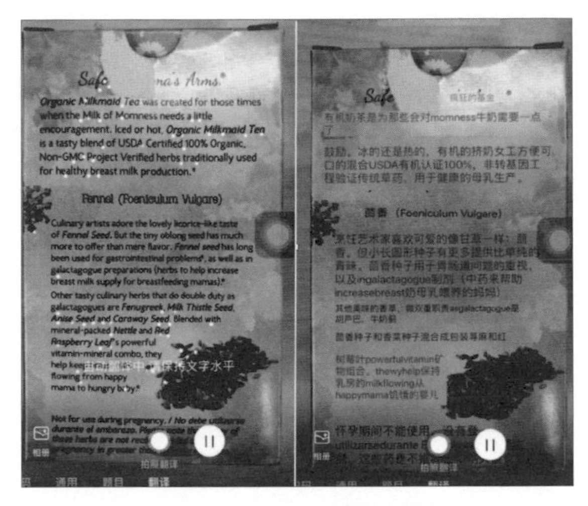

圖 1-10　即時翻譯效果圖

看看圖 1-10 的效果，如果從頭做這件事，應該如何拆解過程？

首先，需要將文字讀取和翻譯分成兩部分；接著，拿到翻譯結果後，還需要找到之前的位置，準確地貼圖。依次介紹如下。

1．OCR 抓取文字

（1）需要把單幀圖片內的文字區域檢測出來。a. 檢測文字區域是典型的深度學習技術範疇，使用檢測模型來處理。b. 對文字區域的準確辨識決定了貼圖和背景色的準確性。

（2）要對文字的內容進行辨識，就要知道文字內容是什麼。a. 辨識文字內容需要將圖片資訊轉化爲文字，這個過程可以在行動端進行，也可以在伺服器端進行。其原理是使用深度學習分類能力，將包含字元的小圖片逐一分類爲文字字元。b. 使用的網路結構 GRU 是 LSTM 網路的一種變體，它比 LSTM 網路的結構更加簡單，而且效果也很好，因此是目前非常流行的一種網路結構。

2．取得翻譯

（1）如果是在行動端進行文字讀取，那麼在得到取得的文字後，就要將文字作爲來源資料進行要求，發送到伺服器端。伺服器端回傳資料後，就可以得到這一幀的最終翻譯資料了。

（2）請求網路進行圖片翻譯處理，行動端等待結果回傳。

3．找到之前的位置

當翻譯結果回傳後，很可能遇到一個類似「刻舟求劍」的問題：在行動端發送請求並等待結果的過程中，使用者可能移動了手機鏡頭的位置，伺服器端回傳的結果就會和背景脫離關係，從而無法黏貼到對應的位置，這是從伺服器端回傳結果的弊端。解決這一問題需要使用追蹤技術。a. 需要用一個完整的三維座標系來描述空間，這樣就能知道手機現在和剛才所處的位置。b. 需要倒推原來文字所在位置和現在的位置之間的偏移量。c. 在追蹤的同時需要讀取文字的背景顏色，以儘量貼近原圖效果。文字和背景的顏色讀取後，在行動端學習得到一張和原文環境差不多的背景圖片。d. 將伺服器端傳回的結果黏貼在背景圖片上，大功告成。

圖 1-11 是我們團隊在初期對 AR 即時翻譯功能進行的技術拆解，從中可以看到，在行動端進行 AI 創新，往往需要結合使用深度學習和電腦視覺等技術。

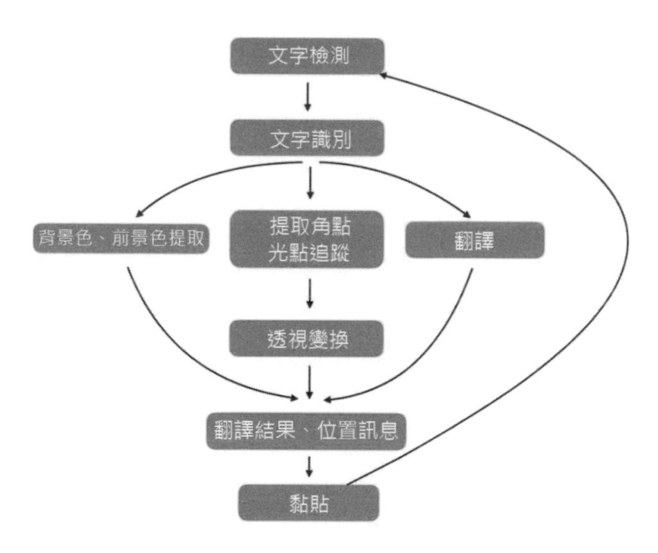

圖 1-11　即時翻譯流程圖

如果你看過 AR 即時翻譯的案例後仍然覺得艱深，請不要著急，等學過行動端的機器學習、線性代數、效能最佳化等章節後，在本書的第 8 章將會展示一個相似的案例，相信那時候你會覺得容易許多。

1.6　編譯執行深度學習 App

前面展示了深度學習技術在行動端的應用案例，從利用深度學習技術開發的 Demo App 安裝部署開始，可以快速預覽整個行動端神經網路程式碼的基本結構。我們將分別對 iOS 和 Android 兩大平台的神經網路程式碼進行部署及展示，以瞭解神經網路的程式碼在行動端的應用場景。接下來的內容以簡單實踐爲主，編譯過程使用的是 OS X 系統和 Linux 系統。

1.6.1　mobile-deep-learning 專案環境簡介

首先，我們要從 GitHub 將其中一個 Demo 專案的原始程式碼下載到本地端電腦中。這個過程需要在電腦上預先安裝 Git 相關工具，請自行在網路上尋找 Git 的安裝方法並完成安裝，這裡不再贅述。

將程式碼下載到本機：

```
git clone https://github.com/allonli/mobile-deep-learning
```

下載完 mobile-deep-learning 程式碼後，打開專案根目錄，可以看到以下目錄結構，如圖 1-12 所示：

圖 1-12　mobile-deep-learning 的目錄結構

1.6.2 mobile-deep-learning 專案整體程式碼結構

以上程式碼檔案數目很多，我們先簡單看一下這些目錄和檔案都是做什麼的，如下所示。

```
├──── CMakeLists.txt              // CMake 文件
├──── CONTRIBUTING.md
├──── Help-for-Mac.md             // 程式碼部署在OS X平台的指南
├──── LICENSE
├──── README.md                   // 說明文件
├──── android-cmake               // Android cmake 相關
├──── android_showcase.gif
├──── baidu_showcase.gif
├──── build.sh                    // 建構腳本，支援Android和iOS兩個平台
├──── examples                    // 稍後要部署的Demo程式碼就在這裡
├──── iOS                         // iOS平台相關的深度學習程式碼
├──── include                     // 標頭檔
├──── ios-cmake                   // iOS cmake 相關
├──── scripts                     // Android平台的部署腳本
├──── src                         // 深度學習框架實作程式碼
├──── test                        // 測試用資料夾
├──── third-party                 // 協力廠商使用的資料夾
└──── tools                       // 模型和模型轉換工具
```

根據對檔案和目錄的註解，我們可以對專案形成初步的認識。對於專案的核心程式碼、標頭檔，現在還不需要深入研究，主要先著重在examples、iOS、android-cmake這幾個目錄即可。這些目錄是和Android、iOS平台的Demo程式碼相關的。

1.6.3 mobile-deep-learning 通用環境需求

Protocol Buffer是一種序列化資訊結構的協定，對於程式間通信是很有用的。這個協定包含一個介面描述語言，描述一些協定結構，用於將這些資訊結構進行解析。

Protocol Buffer在IT行業中一直被廣泛應用，也被用作一些深度學習框架的模型儲存格式。

在行動端使用Protocol Buffer格式會造成資料庫的體積過大。在案例程式碼中使用的是Protocol Buffer描述格式的模型，需要將其轉換爲Demo程式能執

行的格式。要完成這個轉換過程，需要安裝 ProtoBuffer，接下來的編譯過程則需要安裝 CMake。相關的安裝程式碼和解釋如下。

ProtoBuffer

安裝 Protocol Buffer，程式碼如下：

```
brew install protobuffer
```

caffe.pb.cc 和 caffe.pb.h 在 tools 目錄中，是用 Protocol Buffer 3.4.0 產生的。如果已經有相對應的版本，則可以直接執行以下命令。

```
cd tools
protoc --proto_path=. --cpp_out=. caffe.proto
```

CMake

CMake 是一個開源的跨平台自動化建立系統，CMake 可以編譯原始碼，能很輕鬆地從原始碼的樹狀目錄中建立出多個二進制檔案。CMake 也支援靜態與動態資料庫的建立。在原始碼展示過程中，我們將使用 CMake 作爲建構工具。

1.7　在 iOS 平台上建立深度學習框架

1.7.1　在 iOS 平台上建立 mobile-deep-learning 專案

環境需求

在 iOS 開發環境中建立 mobile-deep-learning 專案，主要需求的是常見的 iOS 開發工具和編譯工具的支援。

開發工具

開發工具爲 XCode IDE。

編譯工具

編譯工具爲 CMake。

建議使用 HomeBrew（參考「連結 3」）安裝 CMake（參考「連結 4」）。如果你已經安裝了 CMake，則可以跳過這一步。

導入工程

按 1.1.1 節中的步驟下載案例程式碼後進入專案的根目錄，用 Xcode 開發工具打開 examples/mdl_ios 目錄下的 MDL.xcworkspace，如圖 1-13 所示。

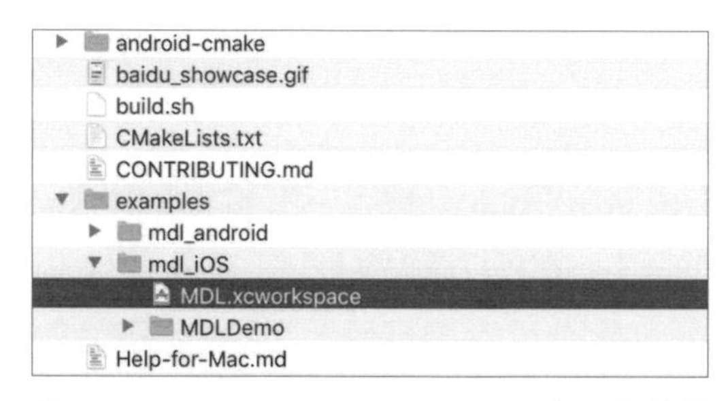

圖 1-13　mobile-deep-learning iOS 工程目錄結構

進入 MDL.xcworkspace 的介面，如圖 1-14 所示。

圖 1-14　MDL.xcworkspace 的介面

1.7.2 在 OS X 平台上編譯 mobile-deep-learning 專案

使用 mobile-deep-learning 專案中的編譯腳本可以快速編譯出行動端需要的二進位檔案。下面是在 UNIX 核心的個人電腦上編譯 mobile-deep-learning 的程式碼。

```
./build.sh mac
cd build/release/x86/build
 ./mdlTest
```

1.7.3 iOS 平台上 mobile-deep-learning 專案的 Demo 程式碼結構

iOS 工程導入完成後，我們可以看到 Xcode 開發工具中的檔案目錄結構，如圖 1-15 所示，主要包含三個部分：MDLCPUCore、MDL 和 MDLDemo。其中，MDL 包括 GPU 部分和 CPU 部分，CPU 部分依賴 MDLCPUCore 這個工程。

目前我們需要瞭解的主要是 MDLDemo 工程，其目錄結構如圖 1-16 所示，可以看到這套框架和 Demo 都有 GPU 和 CPU 兩套實作。第 2 章會進一步講解 MDLDemo 工程，並詳細講解框架的細節，那時你就能看到全部程式碼。這裡先假設你已經能夠看懂 C++ 和 Swift 程式碼。

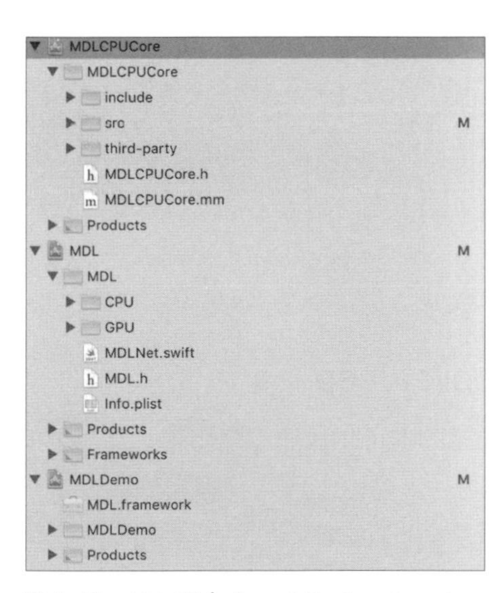

圖 1-15　iOS 平台上 mobile-deep-learning 專案的程式碼目錄結構

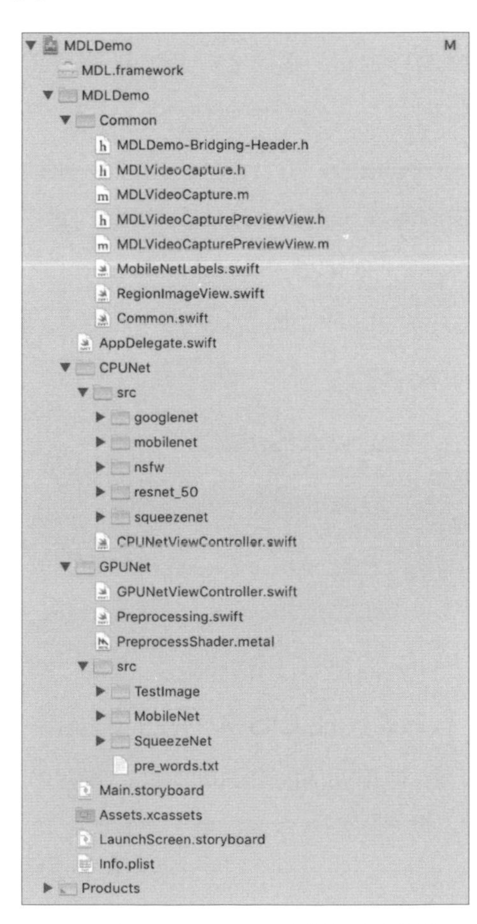

圖 1-16　MDL Demo 工程的目錄結構

1.8 在 Android 平台上建立深度學習框架

1.8.1 Android 平台上 mobile-deep-learning 專案的環境需求

開發工具

在 Android 平台上編寫 Java 程式碼，最常見的開發工具是 Android Studio，本節也將使用 Android Studio 來建構工程。

編譯工具需求

mobile-deep-learning 專案的 Demo 程式碼和神經網路相關的部分是使用 C++ 開發的。在建立 Android 開發環境時也要編譯 C++ 程式碼。在開發 Android 應用程式時，編譯 C++ 程式碼需要依賴 NDK（Native Development Kit）開發環境。

NDK 提供了一系列的工具，幫助開發者快速開發 C 或 C++ 的動態庫，並能自動將 so 和 Java 程式一起打包成 APK。NDK 包含了交叉編譯器（交叉編譯器需要在 UNIX 或 Linux 系統環境下執行）。

NDK 的下載位址請參考「連結 5」。

NDK 的配置

配置 NDK 的步驟如下：

1. 取得和安裝 Android SDK。
2. 下載 NDK，請確保為你的開發平台下載正確的版本。可以將解壓縮的目錄置於本地磁碟上的任意位置。
3. 將 PATH 環境變數加入 NDK 路徑，程式碼如下。

```
export NDK_ROOT=//path to your NDK
export PATH=$NDK_ROOT: .... //NDK root
```

NDK 配置完成以後，還需要安裝另一個「必備程式」——Android Studio。安裝好 Android Studio 之後，直接打開，點選 File 選項，在下拉式功能表中點選 Project Structure 選項，按照圖 1-17 所示進行設定：

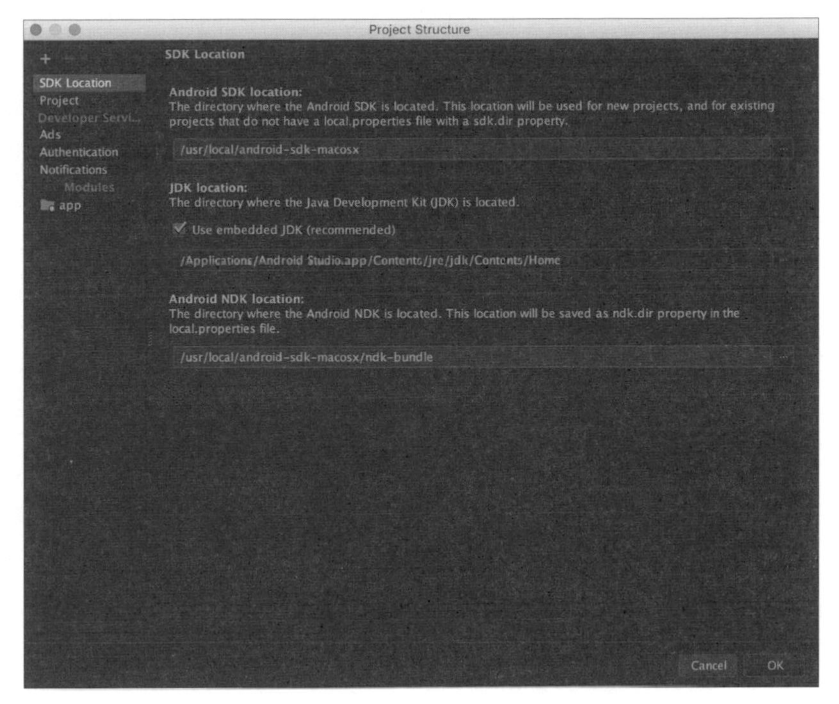

圖 1-17　Android 平台工程配置

1.8.2　Android 平台上 mobile-deep-learning 專案的 Demo 程式碼結構

Demo 程式碼中的 Android 工程部分，建議使用 Android Studio 或者 IDEA 開發。使用這兩個開發工具可以讓程式碼的部署更快速，不會因為環境問題產生困擾。以 Android Studio 為例，導入 examples 目錄下的 mdl_android 工程，介面如圖 1-18 所示，可以看出 Android 平台的 Demo 程式碼非常簡單，只有三個 Java 檔，主要是完成 UI 及應用神經網路框架的相關程式碼。

導入 mdl 函式庫比較簡單，在 Android 平台只要使用 System.loadLibrary 就可以載入相關函式庫：

```
System.loadLibrary("mdl");
```

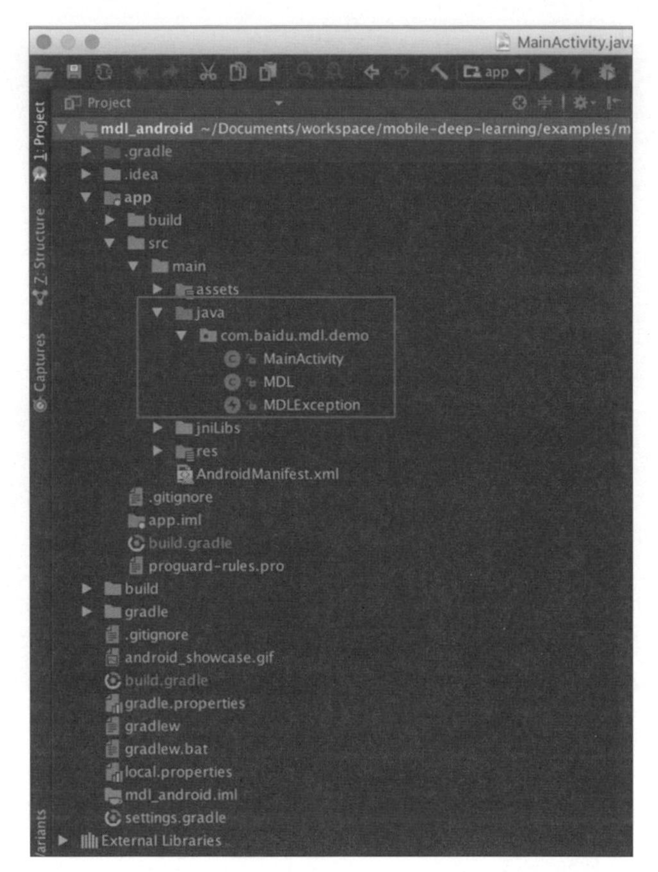

圖 1-18　Android 平台上 mobile-deep-learning 專案的 Demo 目錄結構

mobile-deep-learning 專案的開發環境相對簡單，在 GitHub 上能看到，其 Demo 程式碼量也更少。如果只想體驗 ARM CPU 或者 iOS 的 CPU 和 GPU 的展示效果，那麼 mobile-deep-learning 專案的 Demo 已經足以使用。

1.8.3　用 Paddle-Lite 框架編譯與開發 Android 應用程式

1.7.3 節和 1.8.2 節分別在 iOS 和 Android 平台上編譯了 mobile-deep-learning 項目的 Demo，並讓這兩個基本的深度學習 Demo 執行起來了。接下來，我們嘗試使用另一個行動端深度學習框架 Paddle-Lite 來打造一個簡單的圖片分類 App。Paddle-Lite 專案是 Paddle-Mobile 專案的升級版本，Paddle-Mobile 專案是 mobile-deep-learning 專案的升級版本。為了防止程式碼經常變動，筆者將書中出現的 Paddle-Lite 程式碼壓縮並放到了博碩文化的官網，可以透過線上服務來進行下載。如果讀者想體驗最新版本的 Paddle-Lite，或是在專案中使用 Paddle-Lite，可以直接到 GitHub 搜索查看，並建議建議下載最新版本。

編譯 Paddle-Lite ARM CPU 版本的 Android so 庫

首先，我們嘗試在 OS X 或 Linux 平台上編譯一個 Paddle-Lite 的 so 庫，編譯好這個 so 庫以後，再建立和開發 Android 應用程式。

從博碩文化的官網上將 Paddle-Lite 原始碼下載到本機：

```
git clone https://github.com/Paddle Paddle/Paddle-Lite.git
```

在 Linux 或 OS X 系統中交叉編譯 Paddle-Lite 庫的 CPU 版本 so 庫。

下載並解壓 NDK 壓縮檔到本地目錄（以 OS X 爲例）：

```
wget https://dl.google.com/android/repository/android-ndk-r18b-
darwin-x86_64.zip
```

設定環境變數以確保能找到編譯工具路徑，下面的例子將環境變數臨時加到 ~/.bash_profile 或者 /etc/profile 等環境初始設定檔案中了，不過建議還是加到系統環境變數中。

```
unzip android-ndk-r18b-darwin-x86_64.zip
export NDK_ROOT="/usr/local/android-ndk-r18b"
```

環境變數設定完成以後，可以使用下面的命令檢查是否生效。

```
echo $NDK_ROOT
```

安裝 cmake，需要安裝較高版本的，筆者使用的系統是 OS X，cmake 版本號是 3.13.4。

```
brew install cmake
```

在 Linux 系統中，可以先下載 cmake，然後再設定環境變數，並執行 Bootstrap 安裝，程式碼如下。

```
wget https://cmake.org/files/v3.13/cmake-3.13.4.tar.gz

tar -zxvf cmake-3.13.4.tar.gz

cd cmake-3.13.4
```

```
./bootstrap

make

make install
```

cmake安裝完成以後，可以使用cmake --version檢查安裝是否成功。

有了可用的cmake和NDK之後，就可以進入Paddle-Lite的tools目錄執行編譯腳本了。下面是編譯Android版本的so庫的命令。

```
cd Paddle-Lite/tools/

sh build.sh android
```

這裡有一點補充說明。在開發設計早期，我們團隊深入討論了如何減少程式體積，我們提出並測試了很多方案，其中一項就是編譯選項可以根據網路結構進行選擇，如果開發者使用的是常見的網路結構，也想拿到一個更小體積的so庫，就可以新增神經網路結構選項：

```
sh build.sh android googlenet
```

這樣能讓與googlenet不相關的op被忽略，進而讓so庫的體積變得更小。最後在Paddle-Lite/build/release/arm-v7a/build目錄下可以找到Paddle-Lite資料庫：

```
libPaddle-Lite.so
```

至此就順利完成了一次編譯，如果你想修改或最佳化Paddle-Lite的C++語言、組合語言或其他語言的程式碼，可以修改後自行編譯。C++部分的程式碼開發建議使用Clion，iOS metal程式碼的開發建議使用的IDE是Xcode。

1.8.4 開發一個基於行動端深度學習框架的Android App

在開始創建Android App之前，需要下載並安裝Android Studio 3或以上版本。由於新版本的Android Studio已經預設安裝了Android SDK，所以整個過程會比較方便。

安裝Android Studio以後，建立一個新專案，名稱自取即可。由於Kotlin語言簡單明瞭，所以為了快速成型，筆者在這選擇了Kotlin。不論是Java還是

Kotlin，都不會影響工程的建立和開發，只要選擇你認爲最容易完成的語言就可以。

本節使用的原始碼請參考「連結 6」。雖然可以複製原始碼並直接執行，但仍然建議參照原始碼從零開始建構並編寫這一部分程式碼，這樣可以更深刻地瞭解一個簡單的視覺神經網路程式在行動端執行的步驟。

有了 IDE 等基本環境後，建立一個基礎專案，如圖 1-19 所示：

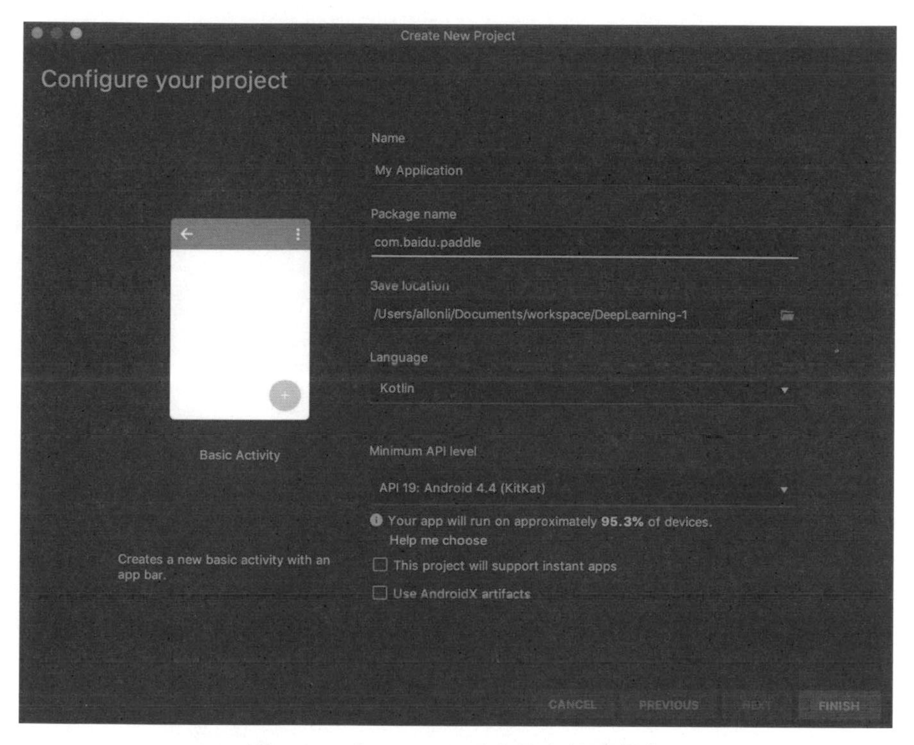

圖 1-19　在 Android 平台建立基礎專案

在 GitHub 上的 Paddle-Lite 專案中可以找到一些測試模型下載位址，截至 2019 年 8 月，GitHub 社區使用的模型請見「連結 7」。這些測試模型可以用於開發相關程式。

將模型包下載到本機並解壓縮，就能得到一系列測試模型。在本例中，筆者使用的模型是 MobileNet，從模型檔中可以看到這個模型的基本結構、卷積的尺寸和間隔等。

接下來將準備使用的模型目錄複製到專案中。我們將 MobileNet 目錄的內容放到 assets/pml_demo 下，以專案的 src 目錄爲根目錄，展開階層如下：

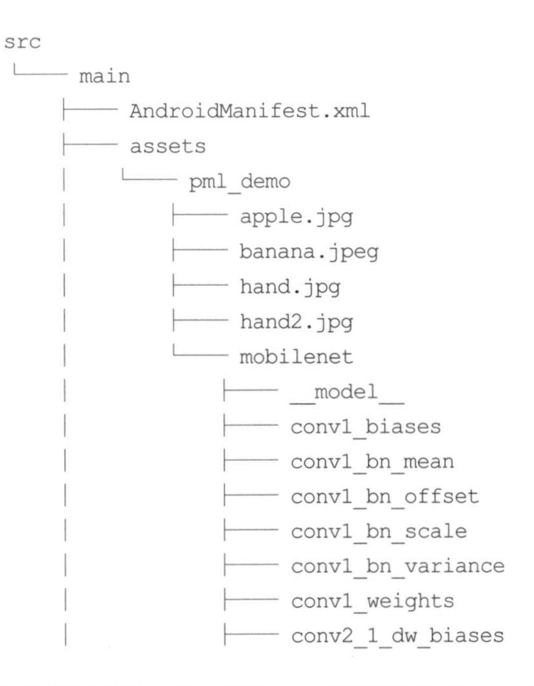

```
src
└──── main
    ├──── AndroidManifest.xml
    ├──── assets
    │   └──── pml_demo
    │       ├──── apple.jpg
    │       ├──── banana.jpeg
    │       ├──── hand.jpg
    │       ├──── hand2.jpg
    │       └──── mobilenet
    │           ├──── __model__
    │           ├──── conv1_biases
    │           ├──── conv1_bn_mean
    │           ├──── conv1_bn_offset
    │           ├──── conv1_bn_scale
    │           ├──── conv1_bn_variance
    │           ├──── conv1_weights
    │           ├──── conv2_1_dw_biases
```

將模型複製到目的地位置後，就要開始開發 App 的相關功能了，圖 1-20 所示是筆者的 App 專案佈局。

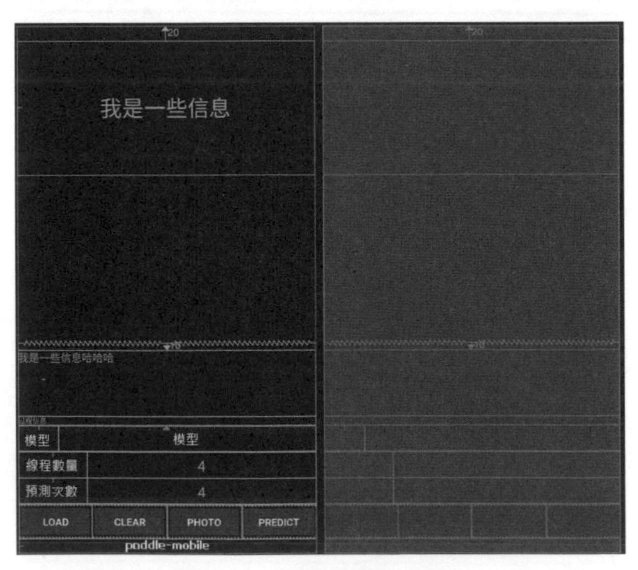

圖 1-20　App 專案佈局展示

App 啓動後的第一件事是將模型檔從磁碟載入到記憶體中，這個過程被封裝在 ModelLoader。在 MainActivity 中實作 init 初始化方法，在初始化過程中載入模型。經過簡化後的程式碼如下所示（如需執行完整程式碼，請見「連結 8」）。

```
    private fun init() {
        updateCurrentModel()
        mModelLoader.setThreadCount(mThreadCounts)
        thread_counts.text = "$mThreadCounts"
        clearInfos()
        mCurrentPath = banana.absolutePath
        predict_banada.setOnClickListener {
            scaleImageAndPredictImage(mCurrentPath, mPredictCounts)
        }
        btn_takephoto.setOnClickListener {
            if (!isHasSdCard) {
                Toast.makeText(this@MainActivity, R.string.sdcard_
not_available,
                        Toast.LENGTH_LONG).show()
                return@setOnClickListener
            }
            takePicFromCamera()

        }
        bt_load.setOnClickListener {
            isloaded = true
            mModelLoader.load()
        }

        bt_clear.setOnClickListener {
            isloaded = false
            mModelLoader.clear()
            clearInfos()
        }
        ll_model.setOnClickListener {
            MaterialDialog.Builder(this)
                    .title("模型")
                    .items(modelList)
                    .itemsCallbackSingleChoice(modelList.
indexOf(mCurrentType))
```

```
                    { _, _, which, text ->
                        info { "which=$which" }
                        info { "text=$text" }
                        mCurrentType = modelList[which]
                        updateCurrentModel()
                        reloadModel()
                        clearInfos()
                        true
                    }
                    .positiveText("確定")
                    .show()
        }

        ll_threadcount.setOnClickListener {
            MaterialDialog.Builder(this)
                    .title("線程數量")
                    .items(threadCountList)
                    .itemsCallbackSingleChoice(threadCountList.
indexOf(mThreadCounts))
                    { _, _, which, _ ->
                        mThreadCounts = threadCountList[which]
                        info { "mThreadCounts=$mThreadCounts" }
                        mModelLoader.setThreadCount(mThreadCounts)
                        reloadModel()
                        thread_counts.text = "$mThreadCounts"
                        clearInfos()
                        true
                    }
                    .positiveText("確定")
                    .show()
        }

        runcount_counts.text = "$mPredictCounts"

        ll_runcount.setOnClickListener {
            MaterialDialog.Builder(this)
                    .inputType(InputType.TYPE_CLASS_NUMBER)
                    .input("預測次數", "10") { _, input ->
                        mPredictCounts = input.toString().toLong()
                        info { "mRunCount=$mPredictCounts" }
                        mModelLoader.mTimes = mPredictCounts
```

```
                    reloadModel()
                    runcount_counts.text = "$mPredictCounts"
                }.inputRange(1, 3)
                .show()
        }
    }
```

MainActivity 的程式碼也從側面反映了一個視覺深度學習 App 需要處理的一些問題，比如與圖片相關的許可權、輸入尺寸等問題，可以從初始化等核心方法入手。從上面程式碼中能看到 MainActivity 中的 init 方法實作，init 方法邏輯包含 Loader 的初始處理和一些基本事件的監聽。由於深度學習技術對運算能力要求較高，所以往往會利用多執行緒處理技術來提升效能，這裡的 init 方法就運用了多執行緒處理過程。多執行緒相關的底層實作使用了 openmp api，多執行緒邏輯作爲入口參數傳入其中相對簡單。

MainActivity 作爲介面和調度角色，除了要負責 init 初始化任務，還要負責調度邏輯。下面就是其調度前置處理和深度學習預測過程的程式碼。

```
    /**
     * 縮放，然後預測這張圖片
     */
    private fun scaleImageAndPredictImage(path: String?, times: Long) {
        if (path == null) {
            Toast.makeText(this, "圖片 lost", Toast.LENGTH_SHORT).
show()
            return
        }
        if (mModelLoader.isbusy) {
            Toast.makeText(this, "處於前一次操作中", Toast.LENGTH_
SHORT).show()
            return
        }
        mModelLoader.clearTimeList()
        tv_infos.text = "前置處理資料，執行運算..."
        mModelLoader.predictTimes(times)
        Observable
                .just(path)
                .map {
                    if (!isloaded) {
                        isloaded = true
```

```
                    mModelLoader.setThreadCount(mThreadCounts)
                    mModelLoader.load()
                }
                mModelLoader.getScaleBitmap(
                        this@MainActivity,
                        path
                )
            }
            .subscribeOn(Schedulers.io())
            .observeOn(AndroidSchedulers.mainThread())
            .doOnNext { bitmap -> show_image.
setImageBitmap(bitmap) }
            .map { bitmap ->
                var floatsTen: FloatArray? = null
                for (i in 0..(times - 1)) {
                    val floats = mModelLoader.predictImage(bitmap)
                    val predictImageTime = mModelLoader.
predictImageTime
                    mModelLoader.timeList.add(predictImageTime)
                    if (i == times / 2) {
                        floatsTen = floats
                    }
                }
                Pair(floatsTen!!, bitmap)
            }
            .observeOn(AndroidSchedulers.mainThread())
            .map { floatArrayBitmapPair ->
                mModelLoader.mixResult(show_image,
floatArrayBitmapPair)
                floatArrayBitmapPair.second
                floatArrayBitmapPair.first
            }
            .observeOn(Schedulers.io())
            .map(mModelLoader::processInfo)
            .observeOn(AndroidSchedulers.mainThread())
            .subscribe(object : Observer<String?> {
                override fun onSubscribe(d: Disposable) {
                    mModelLoader.isbusy = true
                }

                override fun onNext(resultInfo: String) {
```

```
                tv_infomain.text = mModelLoader.getMainMsg()
                tv_preinfos.text =
                        mModelLoader.getDebugInfo() + "\n" +
                                mModelLoader.timeInfo + "\n" +
                                "點選查看結果"

                tv_preinfos.setOnClickListener {
                    MaterialDialog.Builder(this@MainActivity)
                            .title("結果:")
                            .content(resultInfo)
                            .show()
                }
            }

            override fun onComplete() {
                mModelLoader.isbusy = false
                tv_infos.text = ""
            }

            override fun onError(e: Throwable) {
                mModelLoader.isbusy = false
            }
        })
}
```

多數情況下，深度學習程式要有前置處理過程，目的是將輸入尺寸和格式規則化，視覺深度學習的處理過程也不例外。如果不是可變輸入的網路結構，那麼一張輸入圖片在進入神經網路計算之前需要經歷一些「整形」，這樣能讓輸入尺寸符合預期。下面來看一下包含主要計算邏輯的 Loader，它包含前置處理、預測等邏輯的直接實作。圖片本身的資料是一個矩陣，因而前置處理邏輯往往也是以矩陣的方式來處理的。

```
    override fun getScaledMatrix(bitmap: Bitmap, desWidth: Int,
desHeight: Int): FloatArray {
        val rsGsBs = getRsGsBs(bitmap, desWidth, desHeight)

        val rs = rsGsBs.first
        val gs = rsGsBs.second
        val bs = rsGsBs.third
```

```
        val dataBuf = FloatArray(3 * desWidth * desHeight)

        if (rs.size + gs.size + bs.size != dataBuf.size) {
            throw IllegalArgumentException("rs.size + gs.size +
bs.size != dataBuf. size should equal")
        }

        // bbbb... gggg.... rrrr...
        for (i in dataBuf.indices) {
            dataBuf[i] = when {
                i < bs.size -> (bs[i] - means[0]) * scale
                i < bs.size + gs.size -> (gs[i - bs.size] - means[1])
* scale
                else -> (rs[i - bs.size - gs.size] - means[2]) *
scale
            }
        }

        return dataBuf
    }
```

從上面的程式碼也能看到，這個前置處理過程結束後得到的是一個 BGR（藍、綠、紅）格式的陣列。這部分程式碼在 MobileNetModelLoaderImpl 類別中可以找到（完整程式碼見「連結 9」）。

前面編譯了 Paddle-Lite 的 so 庫，它是使用 C++ 編寫的工程。現在我們要在 Android App 中使用相關 so 庫中的功能，需要透過 JNI（Java Native Interface）調用 Paddle-Lite 庫函數，將資料從 Kotlin 層傳入 JNI，得到預測結構，如下面的程式碼所示。

```
    override fun predictImage(inputBuf: FloatArray): FloatArray? {
        var predictImage: FloatArray? = null
        try {
            val start = System.currentTimeMillis()
            predictImage = PML.predictImage(inputBuf, ddims)
            val end = System.currentTimeMillis()
            predictImageTime = end - start
        } catch (e: Exception) {
        }
        return predictImage
```

```
    }

    override fun predictImage(bitmap: Bitmap): FloatArray? {
        return predictImage(getScaledMatrix(bitmap, getInputSize(),
getInputSize()))
    }
```

從上述程式碼可以看出，如果基於 Paddle-Lite 使用層面編寫深度學習 App，那麼思路並不複雜。從 MobileNetModelLoaderImpl 中可以看到，核心呼叫過程的程式碼量也非常少。

上述程式碼省略了檔案複製和其他一些前置處理過程，只展示了核心處理過程。從中可以看到，使用已有的深度學習函式庫整合並開發深度學習功能是比較簡單的。原始程式碼在 GitHub 相應庫中（見「連結 10」），使用 Android Stuido 直接執行，就能看到圖 1-21 所示的效果，Demo App 對香蕉圖片正確分類，並輸出了相對應的文字。

圖 1-21　使用 Paddle-Lite 框架展示的 Demo 執行效果

以幾何方式理解線性代數基礎知識

深度學習是實現人工智慧的途徑之一，深度學習已經發展爲一門多領域的交叉學科，涉及線性代數、概率論、統計學、逼近論、凸分析、計算複雜性理論等多門學科。學習行動端深度學習相關的內容，尤其需要線性代數的基礎知識，故而本章將從神經網路相關的線性代數理論開始，簡單而全面地介紹相關的線性代數知識。如果你已經具備線性代數的基礎，則可以略過本章。需要說明的是，爲了便於零基礎讀者理解線性代數，本章使用了許多易於理解的表示方法，有些表示方法可能並不完全符合數學規範。

2.1 線性代數基礎

線性代數中最重要的概念是矩陣，如果我們能夠以線性變換的思維方式理解矩陣的意義，就可以快速理解大部分線性代數知識。大學階段的線性代數課程往往會讓人感覺艱深難懂，且不知學爲何用。本章力求用最簡化和通俗的語言講清楚線性代數的一些基本原理和概念，這些內容將有助於我們理解深度學習。

2.1.1 標準平面直角座標系統

在瞭解矩陣和線性變換之前，我們先回顧一下二維（平面）座標系統，這有助於我們理解更複雜的概念。國中幾何數學中最常見的座標系統就是由法國數學家笛卡兒提出的標準平面直角座標系統，如圖 2-1 所示。

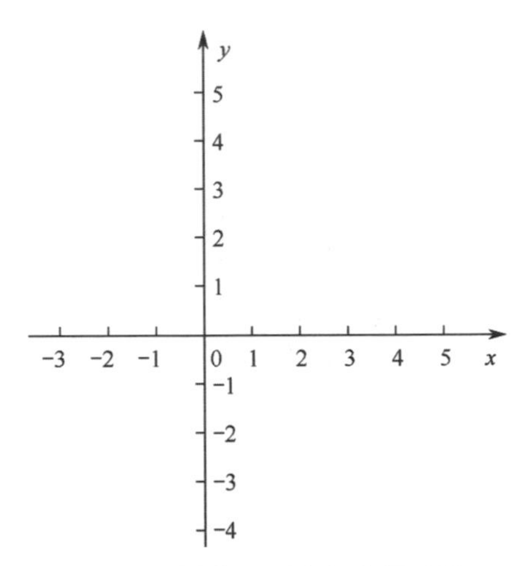

圖 2-1　標準平面直角座標系統

平面直角座標系統中的任意一個向量都可以由最基本的向量$\begin{bmatrix}1\\0\end{bmatrix}$和$\begin{bmatrix}0\\1\end{bmatrix}$來表示，我們將這兩個向量稱爲基底向量（也叫基底、基），如圖 2-2 所示。

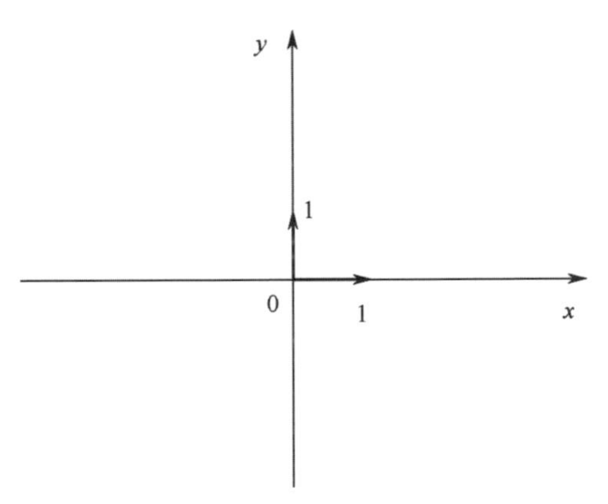

圖 2-2　標準平面直角座標系統中的基底向量

從圖 2-2 可以看到，基底向量的長度都是 1，這個座標系統是一個非常標準的直角座標系統。

對於座標系統內的任一座標點 (x, y)，以座標原點爲起點向該座標點做向量，記爲 $\boldsymbol{a}$，已知$\boldsymbol{a} = x\begin{bmatrix}1\\0\end{bmatrix} + y\begin{bmatrix}0\\1\end{bmatrix}$，因此可以記作 $\boldsymbol{a} = (x, y)$，這就是向量 $\boldsymbol{a}$ 的座

標表示，其座標值可以看作基底向量的倍乘。兩個基底向量的座標表示爲 (1, 0) 和 (0, 1)。

例如，(1, 1) 這個點可以理解爲是由兩個基底向量倍乘得到的，如下式所示。

$$1 \cdot \begin{bmatrix} 1 \\ 0 \end{bmatrix} + 1 \cdot \begin{bmatrix} 0 \\ 1 \end{bmatrix} = \begin{bmatrix} 1 \\ 1 \end{bmatrix}$$

同樣，(2, 6) 這個點可以理解爲下面公式：

$$2 \cdot \begin{bmatrix} 1 \\ 0 \end{bmatrix} + 6 \cdot \begin{bmatrix} 0 \\ 1 \end{bmatrix} = \begin{bmatrix} 2 \\ 6 \end{bmatrix}$$

2.1.2　改變座標系統的基底向量

以上案例算式成立的前提是，座標系統都是以 (1, 0) 和 (0, 1) 作爲基底向量的。如果不以這兩個向量作爲基底向量，會發生什麼呢？

當我們把標準的平面直角座標系統中的基底向量修改以後，就會得到新的座標系統。

例如，應該怎麼解讀下面公式呢？

$$2 \cdot \begin{bmatrix} 0 \\ 1 \end{bmatrix} + 6 \cdot \begin{bmatrix} -1 \\ 0 \end{bmatrix} = \begin{bmatrix} -6 \\ 2 \end{bmatrix}$$

這看來很不尋常，(1, 0) 和 (0, 1) 向量可以理解爲標準平面直角座標系統的基石，離開了這兩個向量，標準平面直角座標系統將不復存在。上述公式的初衷是想表達 (2, 6) 這個向量，但是因爲基底向量不再是 (1, 0) 和 (0, 1)，而變成了 (0, 1) 和 (-1, 0)，所以最終得到的是另一個向量。

基底向量可以是不標準的（即不是 (1, 0) 和 (0, 1)），這就會得到一個改變了基底向量的平面座標系統，在我們看來會覺得它是變形的甚至翻轉的。但是，我們的判斷也許是片面的，因爲在那個「變形」的座標系統內看標準平面直角座標系統，也會覺得是「變形」的。如果從這個角度深入思考，總會讓人感覺不是在思考線性代數，而是哲學。你認爲眞實的世界只是因爲它看起來更符合你的認知。

2.3 節將會從線性組合的角度進一步解釋這個問題。

延伸一下，我們來看一個行動端的電腦視覺場景，如圖 2-3 所示。人眼看到的世界和手機鏡頭看到的世界完全不相同。如果將人眼和手機鏡頭看到的圖都用座標系統來描述，它們的基底向量也將是完全不一樣。

但是，那盆綠色植物是相同的，只是我們人類和手機看到的世界不同而已。

圖 2-3　手機鏡頭「看」到的場景不同於人眼看到的

利用線性代數的知識，可以描述人眼中和手機內兩套座標系統的關係，還能從其中一個座標系統推導出另一個。在視覺鏡頭場景中，經常需要利用線性代數的知識轉換座標系統。

如果能在不同觀察視角的座標系統之間自如轉換，就可以解決一些常見的電腦視覺相關的問題。例如，我們想在盆栽上面加一朵虛擬的花，即便手機發生了一些位移，也可以讓虛擬的花朵穩定地保持在盆栽的固定位置上。

與行動端深度學習密切相關的技術非常多，視覺技術方向在研發過程中也會涉及多種技術。將深度學習和視覺技術同步落地是非常重要的，兩者往往缺一不可，而這兩種技術都需要用到線性代數知識。

本章試圖以直截了當的方式快速進入線性代數世界，但是這樣難免會帶來很多疑問，不過沒關係，你可以帶著這些疑問閱讀下面的內容。接下來先看一下向量的幾何意義。

2.2 向量的幾何意義

向量是理解線性代數的前提和基礎，如果還沒有充分理解向量就直接學習矩陣乘法和行列式，會讓人感覺一頭霧水。從向量的幾何意義出發來理解線性代數中的各種其他概念，能夠發揮事半功倍的效果。向量，從物理的角度看是一個向量，用帶箭頭的線段表示，箭頭代表其方向。想要定義一個向量，需要知道它的長度以及它所指的方向。在平面上的向量是二維的，在空間中的向量是三維的。

也可以從另一個角度理解向量：給出一個明確的座標，透過這個座標資訊就可以畫出一個向量，該向量的起點就是原點，終點就是這個座標點，如圖 2-4 所示。

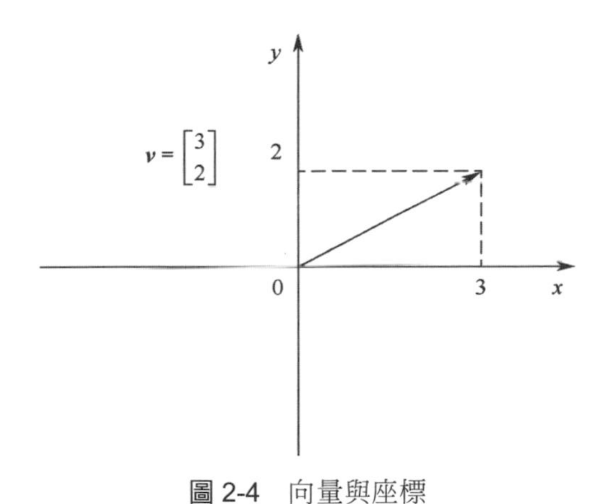

圖 2-4　向量與座標

2.2.1 向量的加減運算

向量的加減運算都可以使用三角形法則。

在向量的加法運算中，首先平移向量，使兩個向量首尾相連；然後從一個向量的起點連到另一個向量的終點，所得到的向量就是兩個向量相加的結果向量。

向量減法是加法的逆運算，首先將兩個向量的起點移在一起，然後將兩個向量的終點相連，箭頭指向被減的向量，所得到的向量就是兩個向量相減的結果向量。

爲了更容易理解，下面以幾何方式呈現向量$\begin{bmatrix}1\\1\end{bmatrix}$和向量$\begin{bmatrix}2\\-2\end{bmatrix}$加減的三角形法則示意圖，圖 2-5 的左圖所示是兩向量相加的運算，虛線向量爲結果向量；右圖所示是向量$\begin{bmatrix}2\\-2\end{bmatrix}$減向量$\begin{bmatrix}1\\1\end{bmatrix}$的運算，虛線向量爲結果向量。

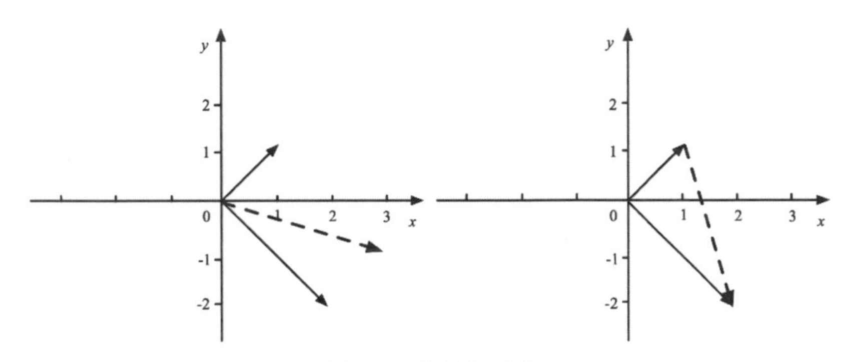

圖 2-5　向量加減法

如果兩個向量是固定的，那麼經過加法或減法運算後得到的結果向量的長度和方向也將是固定的。

2.2.2　向量的數乘運算

向量的數乘（Scalar Multiplication of Vector）是指一個實數與一個向量的乘法運算。也可以透過向量加法來理解向量的數乘。如果兩個相加的向量是相同的向量，那麼結果就相當於將原向量的橫縱座標值都乘倍，方向不變。如果是 n 個相同的向量相加，那麼結果就相當於將橫縱座標值變爲原向量的 n 倍，方向不變。這裡的 n 就是向量數乘中的實數。

例如，向量$\begin{bmatrix}1\\1\end{bmatrix}$數乘 2，即

$$2\cdot\begin{bmatrix}1\\1\end{bmatrix}=\begin{bmatrix}2\\2\end{bmatrix}$$

其幾何意義如圖 2-6 所示，結果向量的長度是原始向量長度的 2 倍。

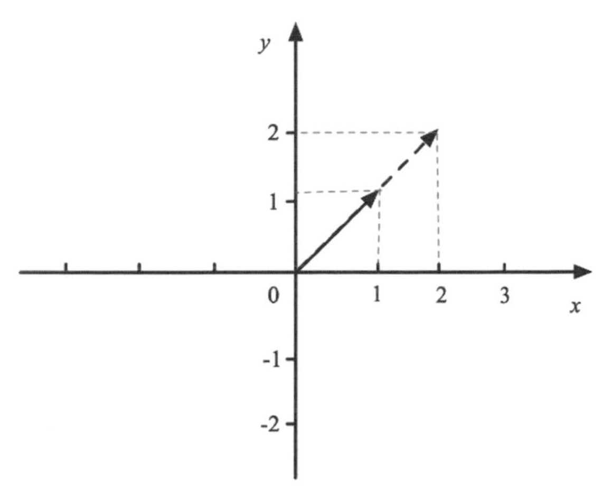

圖 2-6　向量的數乘

在數乘運算中，如果實數大於 1，則數乘的效果是向量被拉伸；如果實數小於 1，則數乘的效果是向量被壓縮。數乘運算可以改變向量的長度，但是不能改變向量的方向。

2.3　線性組合的幾何意義

假設存在兩個不共線的向量，分別對它們做數乘運算，然後再相加，就可以組合出座標系統中的任何向量，這一過程就是線性組合。值得一提的是，參與組合的一對向量不能是零向量，因爲對零向量數乘所得到的向量永遠是零向量。如果其中任何一個向量是零向量，那麼討論線性組合就沒有意義了。

線性組合的幾何意義如圖 2-7 所示。假設有實數 a 和 b、不共線向量 $\boldsymbol{v}$ 和 $\boldsymbol{w}$，$\boldsymbol{p}$ 向量是它們線性組合的結果向量，即 $\boldsymbol{p} = a\boldsymbol{v} + b\boldsymbol{w}$，那麼 $\boldsymbol{p}$ 可以是二維空間中的任意向量（圖中的多個箭頭代表任意可能的向量）。

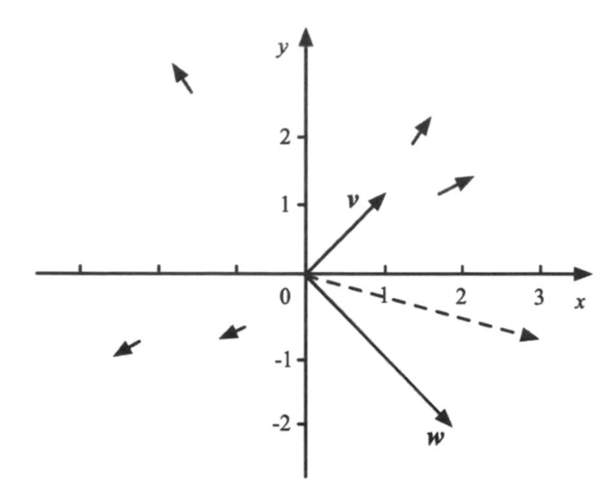

圖 2-7　線性組合的幾何意義

換一個角度來描述，如果向量 $\boldsymbol{p}$ 固定，則不論向量 $\boldsymbol{v}$ 和 $\boldsymbol{w}$ 怎麼變，都存在一組係數，使 $\boldsymbol{v}$ 和 $\boldsymbol{w}$ 僅透過一次組合就得到這個 $\boldsymbol{p}$。

理解向量的幾何意義，是爲了更容易理解座標系統和線性組合的關係。2.1 節中講過，向量 $\begin{bmatrix}1\\0\end{bmatrix}$ 和 $\begin{bmatrix}0\\1\end{bmatrix}$ 是標準平面直角座標系統的基底向量，因爲它們不共線，也都不是零向量，所以它們可以透過線性組合表示出整個二維空間中的任意向量。

反過來說，在一個標準平面直角座標系統中，任何一個向量都可以看作向量 $\begin{bmatrix}1\\0\end{bmatrix}$ 和 $\begin{bmatrix}0\\1\end{bmatrix}$ 的線性組合。例如，向量 $\begin{bmatrix}3\\4\end{bmatrix}=3\cdot\begin{bmatrix}1\\0\end{bmatrix}+4\cdot\begin{bmatrix}0\\1\end{bmatrix}$。

如果分別將 (1, 0) 和 (0, 1) 表示爲向量 $\boldsymbol{x}$ 和 $\boldsymbol{y}$，那麼向量 $3x+4y$ 可以表示爲 (3, 4)，也就是說向量 (3, 4) 是 $\boldsymbol{x}$ 和 $\boldsymbol{y}$ 的線性組合。由於 (1, 0) 和 (0, 1) 兩個向量是該座標系統的基底向量，所以對它們所乘的數値就直接代表相應座標値，因此可以直接寫成 (3, 4)。

但是，如果在不是以 (1, 0) 和 (0, 1) 爲基底向量的座標系統中，就不能省略 (1, 0) 和 (0, 1) 這兩個向量。例如，圖 2-8 中的虛線座標軸形成了一個新座標系統，它的基底向量已經不再是原來的 (1, 0) 和 (0, 1) 了。所以如果仍然用 (1, 0) 和 (0, 1) 向量在新座標系統中表示其他向量，就不能省略 (1, 0) 和 (0, 1)。

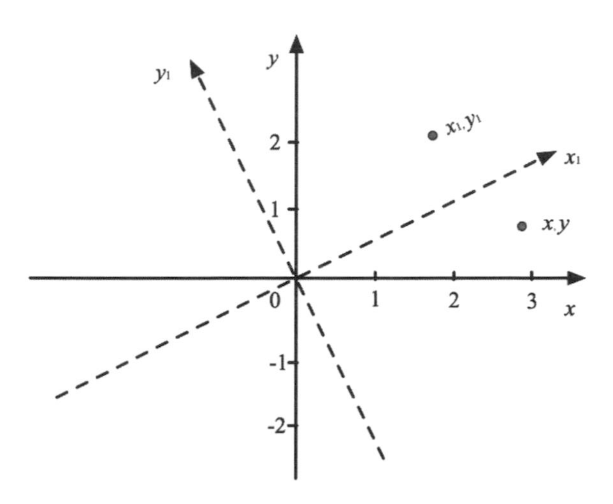

圖 2-8　基底向量不同的兩個座標系統

假設 (1, 0) 和 (0, 1) 在新的座標系統中分別對應 (x_1, y_1) 和 (x_2, y_2)，則座標 (3, 4) 在新座標系統中的位置就要表示爲下式：

$$3\cdot\begin{bmatrix}x_1\\y_1\end{bmatrix}+4\cdot\begin{bmatrix}x_2\\y_2\end{bmatrix}=\begin{bmatrix}x^{\text{new}}\\y^{\text{new}}\end{bmatrix}$$

其實還可以用另一種寫法來表示線性組合：將兩個基底向量合併起來，寫在一起，如下式：

$$\begin{bmatrix}1&0\\0&1\end{bmatrix}\begin{bmatrix}3\\4\end{bmatrix}=\begin{bmatrix}3\\4\end{bmatrix}$$

在新座標系統中表示如下：

$$\begin{bmatrix}x_1&x_2\\y_1&y_2\end{bmatrix}\begin{bmatrix}3\\4\end{bmatrix}=\begin{bmatrix}x^{\text{new}}\\y^{\text{new}}\end{bmatrix}$$

我們在這裡提前看到了矩陣的寫法：$\begin{bmatrix}x_1&x_2\\y_1&y_2\end{bmatrix}$就是一個矩陣。

什麼是矩陣呢？矩陣是由一組維數相同的向量構成的矩形陣列。

- 座標系統內的向量都是由基底向量線性組合而成的。
- 同一向量放在不同座標系統內，對應的座標不同。

現在再來看 2.1 節中的式子：

$$2\cdot\begin{bmatrix}0\\1\end{bmatrix}+6\cdot\begin{bmatrix}-1\\0\end{bmatrix}=\begin{bmatrix}-6\\2\end{bmatrix}$$

上式可以解讀為：標準平面直角座標系統中的點 **(2, 6)** 在座標系統 $\begin{bmatrix}\mathbf{0} & \mathbf{-1}\\ \mathbf{1} & \mathbf{0}\end{bmatrix}$（可以將矩陣看成座標系統的一種表示方法）中的位置。

2.4 線性空間

如果兩個向量不共線，又都不是零空間（見 2.10 節），則它們是線性無關的；反之，如果兩個向量共線，則它們是線性相關的。根據前文所述，標準平面直角座標系統的兩個基底向量符合線性無關的條件。

標準平面直角座標系統中的兩個基底向量，可以透過線性組合生成該平面內的所有向量，這些向量的合集就是這兩個基底向量的線性空間，本質就是兩個基底向量形成的平面空間。在三維空間中，任意兩個線性無關的向量形成的平面，就構成了這兩個向量的線性空間。

接下來要考慮一個問題，在前面的說明中隱含了一個事實：預設二維空間的基底向量有兩個，三維空間的基底向量有三個，為什麼是這樣的呢？我們從二維空間開始考慮，假設有基底向量 $\boldsymbol{i}$ 和 $\boldsymbol{j}$，以及任意向量 $\boldsymbol{v}$，則無論 $\boldsymbol{v}$ 是怎樣的，都可以用 $\boldsymbol{i}$ 和 $\boldsymbol{j}$ 透過線性組合得到，也就是說如果再增加向量作為第三個基底向量，就會和原來的兩個基底向量是線性相關的，因此是多餘的。延伸到三維空間也是同樣道理，三個基底向量已經能透過線性組合得到三維空間中的所有向量，再增加向量同樣會出現線性相關的情況。

透過上述分析可以得到結論：有了基底向量，就有了座標系統；如果改變基底向量，由基底向量組合而成的空間或者說整個座標系統就會發生根本性的變化，可能是在原來狀態上的拉伸、壓縮、或旋轉。

2.5 矩陣和變換

英國數學家凱利在 19 世紀首先提出了矩陣（Matrix）的概念，它是一個按照長方形陣列排列的複數或實數集合，最初是由方程組的係數及常數所構成的方陣。

可以用座標系統變換來描述矩陣作用的本質。例如，一個平面直角座標系統向左旋轉了 90°，怎樣才能用數字描述這種運動呢？有一種辦法：盯緊 (1, 0) 和 (0, 1) 這兩個基底向量對應的座標點在新座標系統中的位置，並描述相對於原座標系統中的位置的變化。

變換和函數的作用類似，稱之爲「變換」是爲了表現出圖形上的變化。線性變換是其中一種變換，它有兩個特徵：

- 如果變換前是直線，那麼線性變換以後仍然是直線。
- 如果將座標系統的原點固定，那麼經過線性變換後，新座標系統的原點仍然保持原位，不會移動。

在二維空間中，如果知道兩個不共線的向量，也知道它們經過線性變換後的結果向量，就可以求出該二維空間中的任意向量經過同樣線性變換後的結果向量。因爲透過這兩個向量就可以知道變換後的空間的基底向量是什麼，而得到了基底向量，就得到了整個座標系統。這個道理對多維空間同樣適用。

在圖 2-9 中，已知 $\boldsymbol{i}$ 和 $\boldsymbol{j}$ 是基底向量 $\begin{bmatrix}0\\1\end{bmatrix}$ 和 $\begin{bmatrix}1\\0\end{bmatrix}$ 透過已知矩陣變換後得到的向量。如果 $\begin{bmatrix}x\\y\end{bmatrix}$ 爲變換前的向量，那麼透過同樣的矩陣做變換的過程如圖 2-9 所示。

$$\boldsymbol{i} \rightarrow \begin{bmatrix}1\\-2\end{bmatrix} \qquad \boldsymbol{j} \rightarrow \begin{bmatrix}3\\0\end{bmatrix}$$

$$\begin{bmatrix}x\\y\end{bmatrix} \rightarrow x\begin{bmatrix}1\\-2\end{bmatrix} + y\begin{bmatrix}3\\0\end{bmatrix} = \begin{bmatrix}1x+3y\\-2x+0y\end{bmatrix}$$

圖 2-9　$\boldsymbol{i}$ 和 $\boldsymbol{j}$ 矩陣乘法變換過程，將 x 和 y 分別與向量做數乘

我們可以將上式中的實數用 a、b、c、d 來替代。下式展示了矩陣對向量 $\begin{bmatrix} x \\ y \end{bmatrix}$ 作用的過程，其實也可以理解為向量對矩陣的各列進行線性組合，這個式子和圖 2-9 中的式子代表的含義是一樣的，只不過換了一種寫法，將座標寫在一起，就構成了矩陣。在該例中，矩陣含有兩個向量，是這兩個向量線性組合的係數。

$$\begin{bmatrix} a & b \\ c & d \end{bmatrix}\begin{bmatrix} x \\ y \end{bmatrix} = x\begin{bmatrix} a \\ c \end{bmatrix} + y\begin{bmatrix} b \\ d \end{bmatrix} = \begin{bmatrix} ax+by \\ cx+dy \end{bmatrix}$$

還可以從另一個角度理解：透過矩陣對 $\begin{bmatrix} a & b \\ c & d \end{bmatrix}$ 向量 $\begin{bmatrix} x \\ y \end{bmatrix}$ 進行線性變換，得到新的向量 $\begin{bmatrix} ax+by \\ cx+dy \end{bmatrix}$。

上面的矩陣變換可以看成將 (1, 0) 變換成 (a, c)、將 (0, 1) 變換成 (b, d)，然後透過變換後的矩陣，可以求得向量 (x, y) 經過同樣的變換後，會得到什麼向量。這也說明單位矩陣（各個元素都是 1 的矩陣）的乘法具有不變性，因為經過單位矩陣作用之後得到的還是原來的向量。

下式中的 x 和 y 就是在以 $\begin{bmatrix} a \\ c \end{bmatrix}$ 和 $\begin{bmatrix} b \\ d \end{bmatrix}$ 為基底向量的新座標系統中的橫縱座標。

$$x\begin{bmatrix} a \\ c \end{bmatrix} + y\begin{bmatrix} b \\ d \end{bmatrix}$$

矩陣乘法的本質（更詳細的介紹見 2.6 節）就是線性變換，可以這樣理解：矩陣乘法就是逐行對其中一個矩陣的基底向量做線性變換。我們可以認為上式中的 (a, c) 和 (b, d) 兩個座標，和原座標系統中的 (1, 0)、(0, 1) 具有一樣的作用，只不過以 (a, c)、(b, d) 為基底向量的座標系統是由以 (1, 0)、(0, 1) 為基底向量的座標系統透過拉伸旋轉等操作變化而來的。

如果把任意兩個基底向量的座標豎起來寫在一起，就變成矩陣了。現在我們思考下式代表什麼含義。

$$\boldsymbol{A} = \begin{bmatrix} 0 & -1 \\ 1 & 0 \end{bmatrix}$$

- 矩陣 $\boldsymbol{A}$ 對應的基底向量是$\begin{bmatrix}0\\1\end{bmatrix}$和$\begin{bmatrix}-1\\0\end{bmatrix}$，而標準平面直角座標系統的基底向量是$\begin{bmatrix}1\\0\end{bmatrix}$和$\begin{bmatrix}0\\1\end{bmatrix}$，因此矩陣 $\boldsymbol{A}$ 對應的座標系統相當於把標準平面直角座標系統逆時針旋轉 90° 。如果把這個過程看成動態變化的，則矩陣 $\boldsymbol{A}$ 就可以用來表示這個過程。
- 由於座標軸旋轉了，整個座標系統也會隨之旋轉，標準平面直角座標系統內的所有向量也會一同旋轉。
- 當標準平面直角座標系統裡的任意向量被矩陣 $\boldsymbol{A}$ 施加變換以後，就得到了新座標系統內對應的向量，在該例子中，就是得到逆時針旋轉 90° 後的向量。

在標準平面直角座標系統中，向量$\begin{bmatrix}1\\0\end{bmatrix}$和$\begin{bmatrix}0\\1\end{bmatrix}$構成了最基本的二維單位矩陣。其他所有的矩陣都可以看成是對單位矩陣的變換。每一個 2×2 矩陣可以看作一套座標系統。

2.6　矩陣乘法

如果矩陣對同一向量做線性變換，就會得到一個變換後的向量：如果矩陣對兩個向量或者一組向量做變換，所做的就是矩陣乘法，如下式所示是矩陣 $\boldsymbol{A}$ 和 $\boldsymbol{B}$ 相乘，得到了矩陣 $\boldsymbol{C}$。

$$\boldsymbol{A} \times \boldsymbol{B} = \boldsymbol{C}$$

在二維空間內，可以把兩個矩陣相乘看作其中一個矩陣所包含的兩個向量，分別對另一個矩陣做線性變換後再疊加，結果矩陣就是疊加後的矩陣。

如圖 2-10 所示，矩陣 $\boldsymbol{M}_2$ 和 $\boldsymbol{M}_1$ 相乘，等價於 $\boldsymbol{M}_2$ 對 $\boldsymbol{M}_1$ 的兩個向量$\begin{bmatrix}e\\g\end{bmatrix}$和$\begin{bmatrix}f\\h\end{bmatrix}$分別進行線性變換。

$$\overbrace{\begin{bmatrix} a & b \\ c & d \end{bmatrix}}^{M_2}\overbrace{\begin{bmatrix} e & f \\ g & h \end{bmatrix}}^{M_1}=\begin{bmatrix} ae+bg & af+bh \\ ce+dg & cf+dh \end{bmatrix}$$

$$\begin{bmatrix} a & b \\ c & d \end{bmatrix}\begin{bmatrix} f \\ h \end{bmatrix}=f\begin{bmatrix} a \\ c \end{bmatrix}+h\begin{bmatrix} b \\ d \end{bmatrix}$$

圖 2-10　矩陣 M_2 和 M_1 相乘

注意，只有在第一個矩陣的列數與第二個矩陣的行數相等的時候，矩陣的乘法才有意義。如果要求使用 C++ 實作一個矩陣乘法，可以用下面這種最簡單的方式來完成：採用三層 for 迴圈，實作了一個最基本的矩陣乘法。

```
int aRow = 6;
int aCol = 6;

int bRow = 6;
int bCol = 6;
//第一個矩陣
int matrix_a[aRow][aCol] = {
{1,3,2,6,5,4},
{6,2,4,3,5,1},
{2,1,3,4,5,6},
{5,2,3,4,1,6},
{4,2,3,1,5,6},
{3,2,1,4,6,5},
};

//第二個矩陣
int matrix_b[bRow][bCol] = {
{3,3,2,1,5,4},
{1,2,4,3,5,5},
{2,1,9,4,5,2},
{5,2,6,4,1,1},
{4,7,3,1,5,5},
{3,8,1,4,6,4},
};

int matrix_c[6][6];
```

```
//將矩陣的元素初始化為 0
for (auto i = 0; i < aRow; i++)
{
    for (auto j = 0; j < bCol; j++)
    {
        matrix_c[i][j] = 0;
    }
}

for (auto i = 0; i < aRow; i++)
{
    for (auto j = 0; j < bCol; j++)
    {
        for (auto k = 0; k < bRow; k++)
        {
            matrix_c[i][j] += matrix_a[i][k] * matrix_b[k][j];
        }
    }
}
```

這種方式可以完成計算，但是計算性能往往比較差。矩陣乘法的計算性能有很多最佳化方式，這些最佳化可以提升硬體在計算過程中的執行速度。第 7 章會詳細介紹如何更有效率的最佳化矩陣乘法的計算性能。

矩陣的乘法計算過程可以被分割成小塊。例如，上面代碼片段中的兩個矩陣可以表示爲下面的公式，它們都可以被拆分爲四個小塊（如圖 2-11 所示），分成對稱的區塊後，矩陣乘法法則同樣適用。

$$\boldsymbol{A}\times\boldsymbol{B}=\begin{bmatrix}1&3&2&6&5&4\\6&2&4&3&5&1\\2&1&3&4&5&6\\5&2&3&4&1&6\\4&2&3&1&5&6\\3&2&1&4&6&5\end{bmatrix}\begin{bmatrix}3&3&2&1&5&4\\1&2&4&3&5&5\\2&1&9&4&5&2\\5&2&6&4&1&1\\4&7&3&1&5&5\\3&8&1&4&6&4\end{bmatrix}$$

$$\left[\begin{array}{ccc|ccc} 1 & 3 & 2 & 6 & 5 & 4 \\ 6 & \boldsymbol{E} & 4 & 3 & \boldsymbol{F} & 1 \\ 2 & 1 & 3 & 4 & 5 & 6 \\ \hline 5 & 2 & 3 & 4 & 1 & 6 \\ 4 & \boldsymbol{J} & 3 & 1 & \boldsymbol{K} & 6 \\ 3 & 2 & 1 & 4 & 6 & 5 \end{array}\right]\left[\begin{array}{ccc|ccc} 3 & 3 & 2 & 1 & 5 & 4 \\ 1 & \boldsymbol{G} & 4 & 3 & \boldsymbol{H} & 5 \\ 2 & 1 & 9 & 4 & 5 & 2 \\ \hline 5 & 2 & 6 & 4 & 1 & 1 \\ 4 & \boldsymbol{M} & 3 & 1 & \boldsymbol{N} & 5 \\ 3 & 8 & 1 & 4 & 6 & 4 \end{array}\right]$$

圖 2-11　矩陣分塊

將矩陣分塊後得到子矩陣組，對它們做矩陣乘法，如下式所示。

$$\begin{bmatrix} \boldsymbol{E} & \boldsymbol{F} \\ \boldsymbol{J} & \boldsymbol{K} \end{bmatrix}\begin{bmatrix} \boldsymbol{G} & \boldsymbol{H} \\ \boldsymbol{M} & \boldsymbol{N} \end{bmatrix}=\begin{bmatrix} \boldsymbol{EG}+\boldsymbol{FM} & \boldsymbol{EH}+\boldsymbol{FN} \\ \boldsymbol{JG}+\boldsymbol{KM} & \boldsymbol{JH}+\boldsymbol{KN} \end{bmatrix}$$

深度學習程式是計算密集型的，在設計程式碼時往往需要考慮較多細節，以取得最佳性能，減少不必要的資源消耗。在卷積神經網路的運算過程中，使用廣義矩陣乘法（GEMM）計算卷積是早期深度學習框架的一個普遍做法，雖然有些新計算方式有後來居上的趨勢，但是廣義矩陣乘法仍然是非常重要的基礎知識。

2.7　行列式

行列式是指經過變換後的向量所構成的圖形的面積，與標準平面直角座標系統的基底向量所構成的單位面積的比值，用 det 表示，例如二維矩陣 $\boldsymbol{A}$ 的向量對應的行列式表示爲 det($\boldsymbol{A}$)。顯然，在標準平面直角座標系統中，單位面積是 1，其他矩陣的向量構成的圖形的面積是單位面積 1 的倍數，也就是結果數值本身。如下所示的矩陣的行列式結果表示爲了 e。

$$\det(\begin{bmatrix} a & b \\ c & d \end{bmatrix}) = e$$

假設有以下矩陣：

$$\boldsymbol{A} = \begin{bmatrix} 1 & 0 \\ 0 & 1 \end{bmatrix}$$

矩陣的長寬都是單位長度 1，在座標系統中的表示如圖 2-12 所示。

所以我們能以下列方式來表示該矩陣：

$$\det(\boldsymbol{A})=1$$

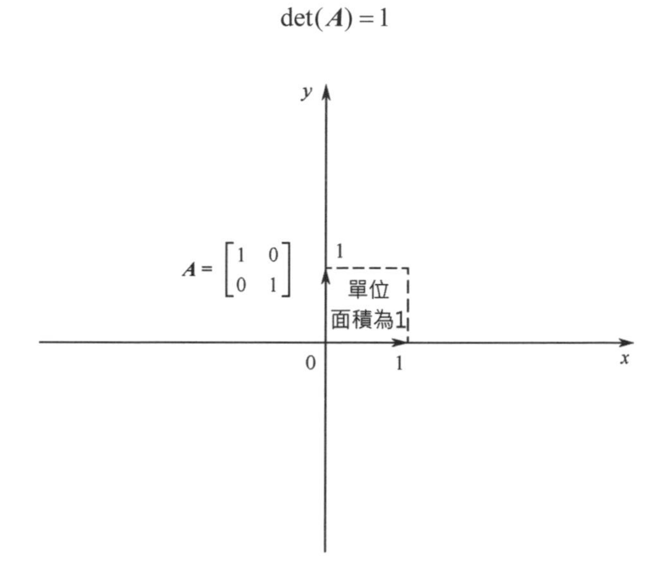

圖 2-12　長寬都是 1 的矩陣

現在來看另一個例子，假設有矩陣：

$$\boldsymbol{A}=\begin{bmatrix}3 & 0\\0 & 2\end{bmatrix}$$

矩陣的長度爲 3，寬度爲 2，在座標系統中的表示如圖 2-13 所示：

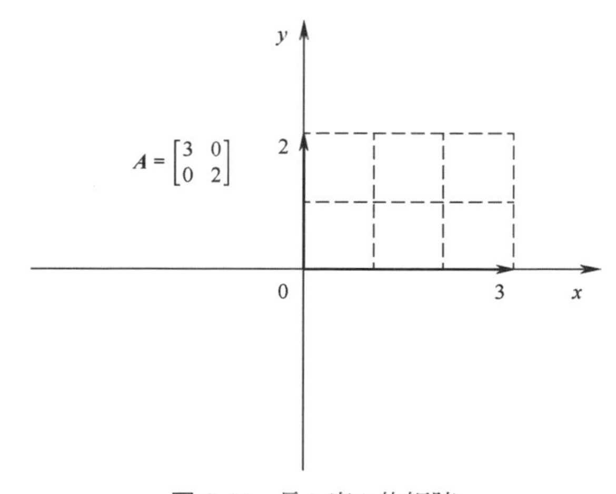

圖 2-13　長 3 寬 2 的矩陣

我們可以如下方式表示該矩陣：

$$det(\boldsymbol{A}) = 6$$

此外，行列式可以為負值，當為負值時，空間座標系統的方向就變了，簡單講就是座標系統翻轉了。行列式符合下面的法則：

$$det(\boldsymbol{M_1 M_2}) = det(\boldsymbol{M_1})(\boldsymbol{M_2})$$

2.8 反矩陣

相對於其他線性代數概念來說，反矩陣比較容易理解。一些向量或者矩陣經過某個矩陣（例如矩陣 $\boldsymbol{A}$）線性變換後會得到新的矩陣。我們還可以將這個變換過程反向進行一遍，將結果矩陣變回原來的樣子，這個過程就是矩陣的逆向操作，簡稱反矩陣。這個反向變換過程中用到的矩陣稱為反矩陣，例如 $\boldsymbol{A}$ 的反矩陣表示為 $\boldsymbol{A}^{-1}$。

圖 2-14 中的向量 $\boldsymbol{x}$ 透過矩陣做變換後，得到向量 $\boldsymbol{v}$，如果將 $\boldsymbol{v}$ 透過 $\boldsymbol{A}^{-1}$ 還原回去，就會得到向量 $\boldsymbol{x}$，用公式表示就是 $\boldsymbol{x} = \boldsymbol{A}^{-1} \cdot \boldsymbol{v}$。

$$\begin{matrix} 2x+5y+3z=-3 \\ 4x+0y+8z=0 \\ 1x+3y+0z=2 \end{matrix} \rightarrow \overbrace{\begin{bmatrix} 2 & 5 & 3 \\ 4 & 0 & 8 \\ 1 & 3 & 0 \end{bmatrix}}^{\boldsymbol{A}} \overbrace{\begin{bmatrix} x \\ y \\ z \end{bmatrix}}^{\boldsymbol{x}} = \overbrace{\begin{bmatrix} -3 \\ 0 \\ 2 \end{bmatrix}}^{\boldsymbol{v}}$$

圖 2-14　向量 $\boldsymbol{x}$ 透過矩陣 $\boldsymbol{A}$ 做變換

在探討反矩陣的過程中，需要思考一個問題：所有的矩陣線性變換都能逆向操作嗎？圖形是最便於理解的工具，下面以圖形為例說明一個矩陣是否存在反矩陣的問題。

首先用一個矩陣對二維的標準直角座標系統做如圖 2-15 所示的線性變換，該變換就是讓兩個座標軸向彼此靠近。

經過某矩陣的線性變換，x 和 y 兩個座標軸逐步接近，最終合併為一個座標軸，如圖 2-16 所示。

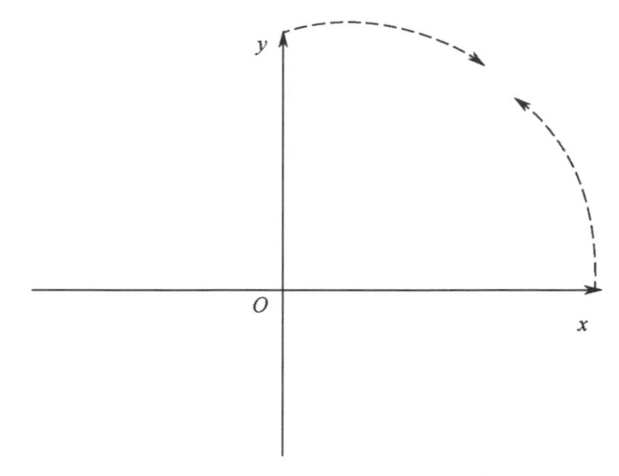

圖 2-15　向內「壓縮」座標系統

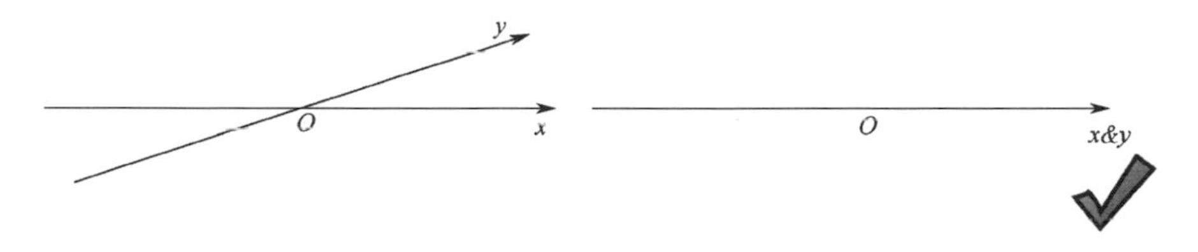

圖 2-16　兩個座標軸逐步靠近直到合併的過程

在圖 2-16 中，左圖中的線性變換結果完全可以恢復爲標準平面直角座標系統，但是如果兩個座標軸在線性變換後合併了，一個二維空間變換爲了一維空間，像右圖所示那樣，這時就無法分離出 x 軸和 y 軸了。當合併爲一個座標軸後，det($\boldsymbol{A}$) 等於 0，意味著空間已經被壓縮到失去維度的程度了，而失去的維度是無法復原的。

因此，不管 $\boldsymbol{A}$ 能做出多麼奇特的變換，只要保持原有空間的維度，就可以還原如初，就存在 $\boldsymbol{A}$ 的反矩陣。但是如果丟失了維度，就不再可逆了。

2.9　秩

在 2.8 節中，一個二維空間經過線性變換，最終變爲了只有一維的空間，維數發生了改變。秩 (Rank) 就是矩陣經過線性變換後的空間維數。如果維矩陣變換後還是維空間，則稱爲滿秩。三維空間經過線性變換後，如果得到一條一維的直線，秩就是 1；如果得到二維平面，秩就是 2，如圖 2-17 所示。

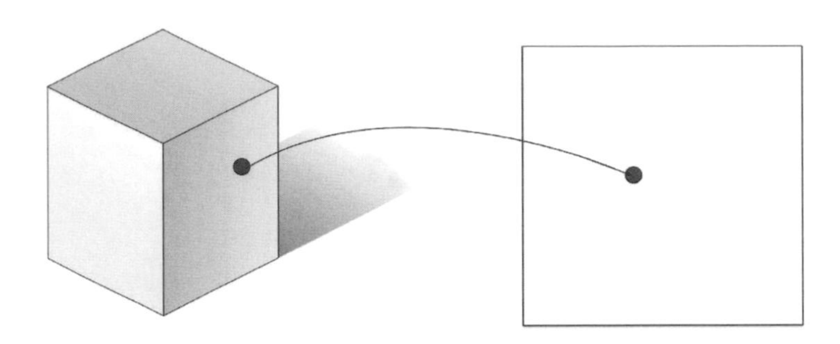

圖 2-17　三維空間被壓縮到二維平面

2.10　零空間

經過線性變換後，被壓縮到原點的向量集合叫零空間。一個平面被線性變換壓縮成直線後，原平面中有一條直線的空間被壓縮到了原點，這條被壓縮到原點的直線就是零空間。

以圖 2-18 為例，假設存在一個矩陣，可以使標準平面直角座標系統的兩個座標軸向一起靠攏，在較大夾角的開口處，向量會集體向兩側傾斜。但是正中間的「法線」不屬於任何一側，當兩個座標軸合併在一起時，「法線」上的所有向量就會被集體「拽」到原點。這條直線上的向量空間就是零空間。

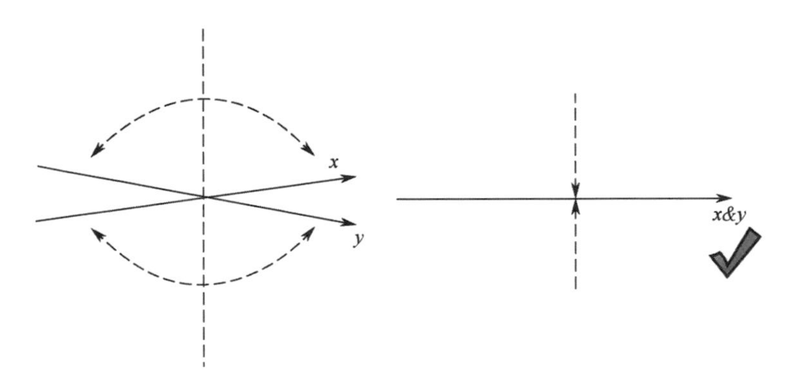

圖 2-18　零空間

以公式來表達圖 2-18，如下所示，所有可以被矩陣 $\boldsymbol{A}$ 變換壓縮到原點的向量 x 的集合，組成了零空間。

$$A \cdot x = \begin{bmatrix} 0 \\ 0 \\ \vdots \end{bmatrix}$$

利用零空間的概念可以求解線性方程組。在上式中，如果向量 x 不在零空間內，那麼等式不成立，方程式一定無解。反之，如果向量 x 能促成等式成立，那麼就可能是方程式的一個解。

2.11 點積和叉積的幾何表示與含義

2.11.1 點積的幾何意義

向量 $\boldsymbol{v}$ 和 $\boldsymbol{j}$ 點積，幾何意義就是向量 $\boldsymbol{v}$ 在向量 $\boldsymbol{j}$ 上的投影長度（如圖 2-19 中較短的大括弧中標出來的部分）乘以 $\boldsymbol{j}$ 的長度（如圖 2-19 中較長的大括弧中標出來的部分），是標量。

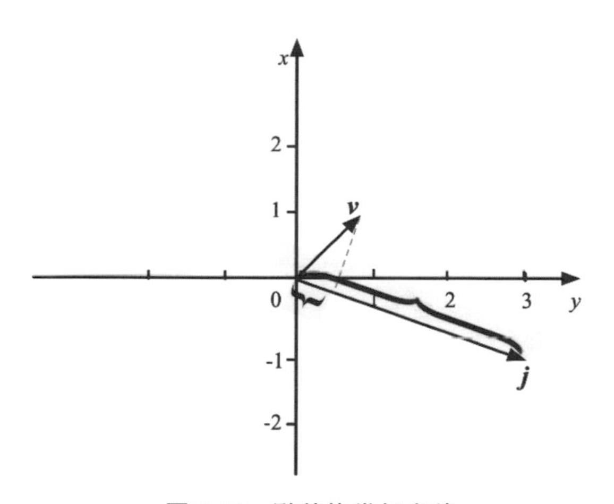

圖 2-19　點積的幾何意義

相反地，向量 $\boldsymbol{j}$ 和 $\boldsymbol{v}$ 的點積，幾何意義就是 $\boldsymbol{j}$ 在 $\boldsymbol{v}$ 上的投影長度，乘以 $\boldsymbol{v}$ 的長度。

下式是兩個四維向量的點積，即向量 $\begin{bmatrix} 6 \\ 2 \\ 8 \\ 3 \end{bmatrix}$ 和 $\begin{bmatrix} 1 \\ 8 \\ 5 \\ 3 \end{bmatrix}$ 的點積：

$$\begin{bmatrix}6\\2\\8\\3\end{bmatrix}\cdot\begin{bmatrix}1\\8\\5\\3\end{bmatrix}=6\cdot1+2\cdot8+8\cdot5+3\cdot3$$

點積雖然是非常基本的運算，但是在深度學習預測過程中經常用到。一些性能最佳化的關鍵就是提升點積的性能。

2.11.2 叉積的幾何意義

兩個向量進行叉積，其結果是一個向量。可以從以下兩點來理解叉積的結果向量的幾何意義：

- 長度等於以這兩個向量爲鄰邊的平行四邊形的面積。
- 方向和上述平行四邊形平面垂直，具體朝向需要用右手定則判斷。

長度和方向都有了，就可以用圖形表示叉積了，如圖 2-20 所示，以原點爲起始點的兩個向量做叉積，其結果向量是穿過原點且和二者所組成的平面垂直的那個向量。

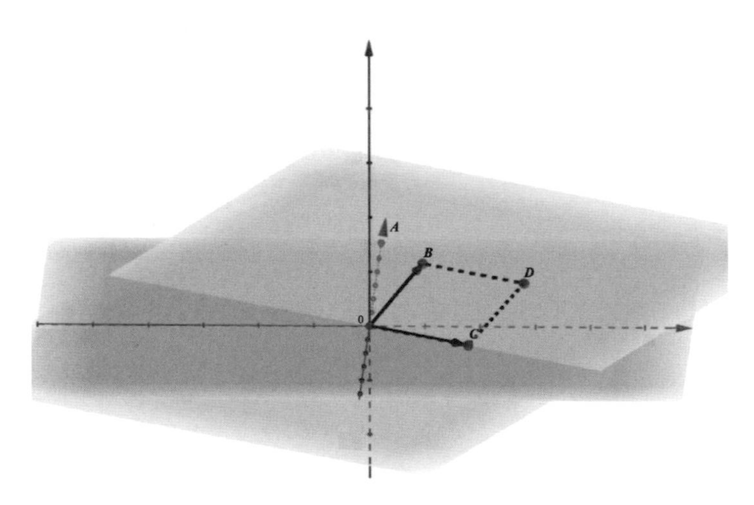

圖 2-20　叉積的幾何意義

2.12　線性代數的特徵概念

如果向量經過矩陣線性變換後保持方向不變，該向量就是特徵向量，且變換後的向量的長度與原向量長度的比值就是特徵值。零空間和特徵值是緊密聯繫的。用公式表示特徵值如下所示，矩陣 $\boldsymbol{A}$ 和 λ 對向量 $\boldsymbol{v}$ 的作用完全相同，這表明向量 $\boldsymbol{v}$ 就是矩陣 $\boldsymbol{A}$ 的特徵向量，λ 是特徵值：

$$\boldsymbol{A}\boldsymbol{v} = \lambda\boldsymbol{v}$$

如圖 2-21 所示，如果向量 $\boldsymbol{B}$ 經過線性變換後得到了相同方向的向量 $\boldsymbol{C}$，那麼向量 $\boldsymbol{B}$ 就是特徵向量，變換前後的向量長度比值就是特徵值。

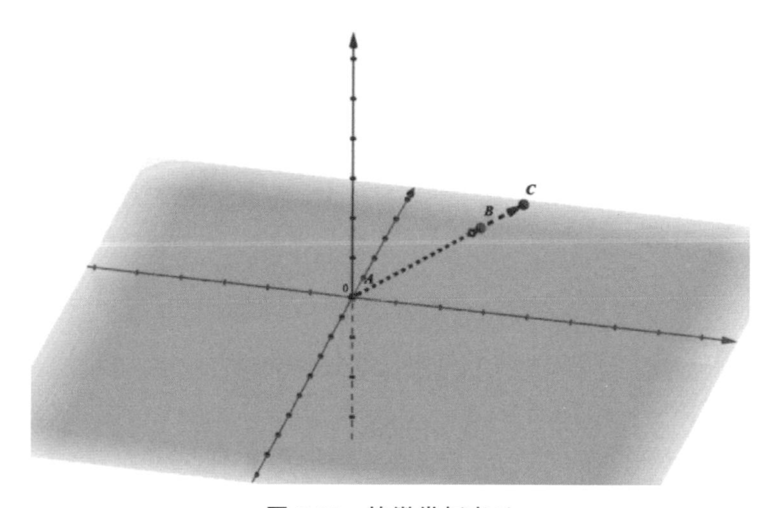

圖 2-21　特徵幾何表示

如果 λ 大於 1，就意味著所有維度都放大 λ 倍，這樣才不會變形。例如，矩陣 $\begin{bmatrix} \lambda & 0 \\ 0 & \lambda \end{bmatrix}$ 正是一組由單位矩陣 $\begin{bmatrix} 1 & 0 \\ 0 & 1 \end{bmatrix}$ 縮放 λ 倍得到的基值。

2.13　抽象向量空間

只要符合線性特點，就可以使用線性代數思維解決問題。

下面第一個式子表示合併整體與分開計算具有相同的效果，這說明線性變換具有可加性。從第二個式子可以看出，改變一個大向量，和改變一個小向量再倍乘，具有相同的效果，說明線性變換有比例性。

$$\boldsymbol{L}(\boldsymbol{v}+\boldsymbol{w})=\boldsymbol{L}(\boldsymbol{v})+\boldsymbol{L}(\boldsymbol{w})$$

$$\boldsymbol{L}(c\boldsymbol{v})=c\boldsymbol{L}(\boldsymbol{v})$$

符合可加性和比例性兩點的運算就是線性運算。求導數也是如此，比如：

$$\frac{\mathrm{d}}{\mathrm{d}x}(x^3+x^2)=\frac{\mathrm{d}}{\mathrm{d}x}(x^3)+\frac{\mathrm{d}}{\mathrm{d}x}(x^2)$$

$$\frac{\mathrm{d}}{\mathrm{d}x}(4x^3)=4\frac{\mathrm{d}}{\mathrm{d}x}(x^3)$$

不管多麼複雜的多項式，它們之間的區別只是係數不同（有的位置係數是零）。導數函數本身也是多項式，求導的過程可以理解爲：原函數係數向量經過基導數矩陣（導數構成的矩陣）的變換，得到導數多項式的係數向量，如下列所示的f系列。

$$f_0(x)=x^0$$

$$f_1(x)=x^1$$

$$f_2(x)=x^2$$

$$\cdots$$

將係數看作向量

假設f系列依次遞增到無窮，那麼任何一個多項式都可以看作函數f系列的一個線性組合。如多項式$4x^4+5x^3+2x^2+7x+3$的係數可以看作向量$\begin{bmatrix}3\\7\\2\\5\\4\\\vdots\end{bmatrix}$，被省略的係數都是 0。多項式 $5x^3+7x+3$ 的係數則可以看作 $\begin{bmatrix}3\\7\\0\\5\\\vdots\end{bmatrix}$。

導數多項式線性空間的基底向量

在標準的平面直角座標系統中，我們選擇的基底向量是 $\begin{bmatrix}1&0\\0&1\end{bmatrix}$。在導數函數的多項式中，基的選取一定是以 f 系列函數爲基礎的，因爲它最簡單，以此得到的導數矩陣的一組基底是：

$$\begin{bmatrix}0&1&0&0&0&0&\cdots\\0&0&2&0&0&0&\cdots\\0&0&0&3&0&0&\cdots\\0&0&0&4&0&0&\cdots\\0&0&0&0&5&0&\cdots\\\vdots&\vdots&\vdots&\vdots&\vdots&\vdots&\cdots\end{bmatrix}$$

多項式 $4x^4+5x^3+2x^2+7x+3$ 的係數向量和上面導數矩陣做乘法，這個過程就是多項式的求導過程，如下式所示。

$$\begin{bmatrix}0&1&0&0&0&0&\cdots\\0&0&2&0&0&0&\cdots\\0&0&0&3&0&0&\cdots\\0&0&0&4&0&0&\cdots\\0&0&0&0&5&0&\cdots\\\vdots&\vdots&\vdots&\vdots&\vdots&\vdots&\cdots\end{bmatrix}\begin{bmatrix}3\\7\\2\\5\\4\\\vdots\end{bmatrix}=\begin{bmatrix}3\\14\\6\\20\\20\\\vdots\end{bmatrix}$$

什麼是機器學習和卷積神經網路

前兩章介紹了機器學習的基礎知識，本章正式開始介紹行動端相關的機器學習。

機器學習屬於人工智慧的一個分支，顧名思義，機器學習研究的是如何讓機器具備學習的能力。要使機器像人類一樣有效地學習並逐步改進自身，就要有一個高效率的神經網路框架，在制定學習目標後開始學習。在學習的過程中，機器不斷地自我調整，直到工程師覺得它足夠可靠。

近些年機器學習已發展爲一門跨領域交叉學科，涉及線性代數、機率論、統計學、逼近論、凸分析、計算複雜性理論等多門學科。本章重點介紹機器學習的一些基本概念和卷積神經網路，理解這些概念可以協助你全面的理解機器學習。

3.1 行動端機器學習的全過程

第 1 章介紹了一些在行動端應用深度學習技術的例子。深度學習建立在機器學習的基礎之上，機器學習的過程主要分爲兩個階段：學習（訓練）和預測。和人類一樣，機器也是先學會知識，然後再應用知識。

訓練過程所訓練的是函數的內部參數，一直訓練到預測效果足夠好。預測的過程從本質上講就是一組函式呼叫過程，給函數一個輸入，得到一個輸出。進一步探討這些過程，可以分爲以下步驟（如圖 3-1 所示）：

1. 首先要有一些基礎資料。例如，告訴系統這張圖片的內容是一個猴子，另外一張圖片的內容是貓。這些資料被稱爲訓練資料。

2. 將訓練資料提供給機器學習框架進行訓練，資料經過訓練後會得到一個模型，也就是函數內部參數。
3. 函數將模型資料作爲內部參數載入後，就可以將外部函數傳遞給該函數，並由該函數返回結果。

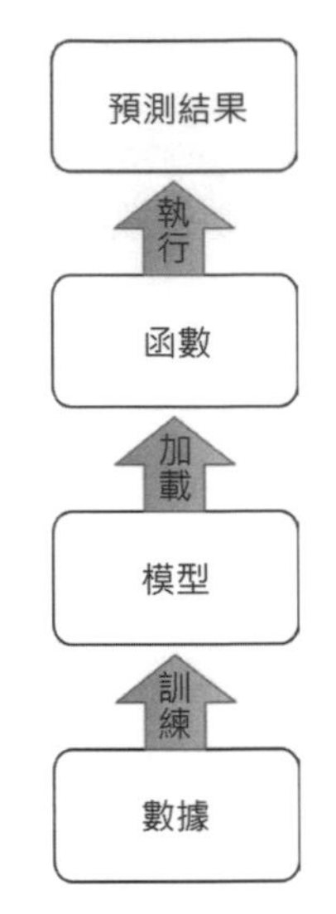

圖 3-1　預測的全過程

目前，機器學習技術在行動端的應用主要是預測，很少有在行動端進行訓練的案例。一些廠商在 SoC（系統級晶片）中嵌入了神經網路專用晶片，這爲將來使用嵌入式設備訓練模型提供了可能性，不過短時間內大規模使用嵌入式設備進行訓練的可能性很小。因此，本書主要重點在於行動端嵌入式設備上利用機器學習技術進行預測的過程，以及其中的技術細節。

3.2　預測過程

預測過程是對一組函數的呼叫過程，也可以將這一組函數看作一個複雜的函數。可以透過圖 3-2 來理解，假設機器學習預測過程的函數是 f，給定一個內容爲猴子的圖片，作爲參數傳遞到機器學習預測函數中，輸出內容爲文字形式的「猴子」；給這個預測函數導入一個內容爲數字 9 的圖片，輸出內容爲基本類型的數字「9」；給這個預測函數導入一段聲音資料，內容是音訊形式的「你好」，輸出內容爲文字形式的「你好」。

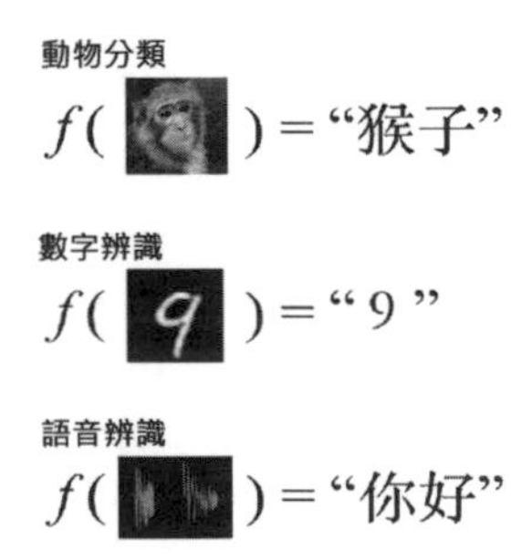

圖 3-2　機器學習的預測過程將整個預測過程視爲一個複雜的函式呼叫過程

接下來透過機器學習應用在電腦視覺方面的例子來看輸入和輸出。機器學習最常見的入門例子就是辨識手寫數字。輸入資料是一張內容爲手寫數字的圖片，經過運算後得出圖片中的數字是多少，如圖 3-3 所示。

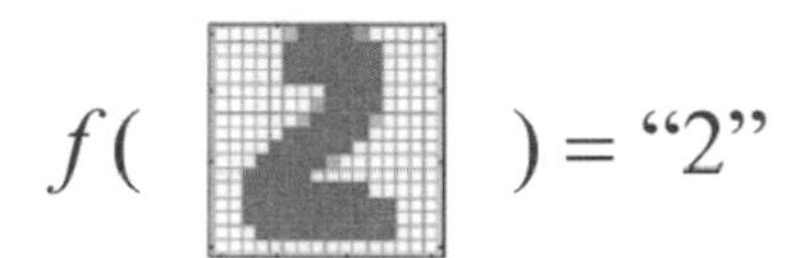

圖 3-3　機器學習辨識手寫數字

如圖 3-4 所示，從左邊的粗線框中能看到，這張圖片的內容是手寫數字 2。輸入的圖片資料本質上是一組數字，如果一張黑白圖片有 256（即 16×16）個位元，就等同於輸入的資料是 256 個數字。如果是彩色圖片，則有三組這樣的數字（RGB 三個通道的數字）。

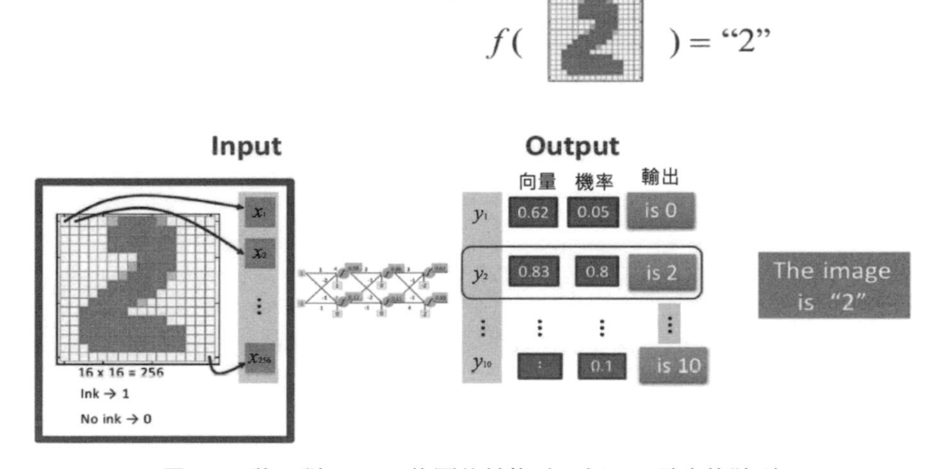

圖 3-4　將一張 16×16 的圖片轉換爲一個 256 長度的陣列

圖 3-5 的粗線框中的部分就是全連結神經網路，一張 16×16 圖元的圖片輸入神經網路中進行計算，最後輸出數字 2。

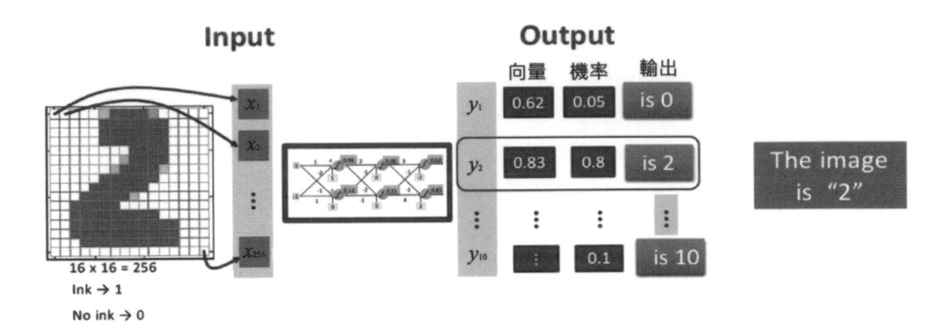

圖 3-5　經過中間的全連結神經網路處理得到輸出向量

3.3　數學方法

3.2 節以圖形的方式展示了一個完整的機器學習分類預測過程，圖形的方式比較容易理解。在此基礎上，我們以數學的方法來看這個數字分類預測例子，你會發現數學公式並不可怕。

如果你對線性代數的知識還不熟悉，請參閱第 2 章，那一章以淺顯易懂的方式介紹了線性代數的基本概念和方法，和一些直接講解行列式的大學課程完全不同，這是爲了防止部分讀者出現「數學恐懼症」。

3.3.1　預測過程涉及的數學公式

預測過程如圖 3-6 所示，運算流程如下。

1. 將圖 3-6 的輸入資料視爲向量分量 x_1，其中 i 的取値範圍是 1~256。神經網路的核心運算過程實際上是圖 3-6 左側所示的矩陣和向量的乘法。

將圖 3-6 左側的圖片轉化爲一維陣列或者說 256 維向量，神經網路中每條連線就是一個權重，權重集合用矩陣 $\boldsymbol{W}$ 表示，其與向量相乘表示如下：

$$\boldsymbol{Wx}$$

2. 在此基礎上，運算過程會增加一個偏置 b，我們將結果記成 y。

$$\boldsymbol{Wx}+b=y$$

3. 將結果傳入機率函數。該函數預估的是機率，所以它的輸出值大小在 0 和 1 之間。這裡用 S 代表機率函數 softmax：

$$S(y)$$

4. 將得到的每一種可能的機率作爲一個向量，再計算機率向量和分類向量（也叫 Label 向量，L_i 是分量）間的距離，用交叉熵 (Cross Entropy) 的方式來表示，這裡用 D 代表交叉熵：

$$D(S(y), L_i)$$

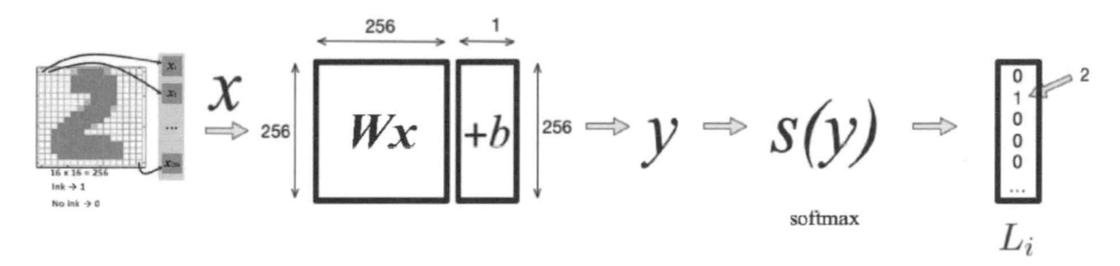

圖 3-6　預測過程的運算流程

總結一下，機器學習的訓練過程包括：訓練出 $\boldsymbol{W}$ 和 b 的實際資料，然後用 softmax 函數轉換成機率，再用交叉熵確定機率向量和 Label 向量之間的距離，距離越小，說明輸入資料越接近標記資料。

3.3.2　訓練過程涉及的數學公式

訓練過程會根據大量預測的結果反向調整 $\boldsymbol{W}$ 和 b 的參數，直到我們認爲它的表現足夠優秀。常用的公式有平均交叉熵，如下式：

$$L = \frac{1}{N}\sum_{i=1}^{256} D(S(\boldsymbol{W}x_i + b), L_i)$$

機器學習的訓練過程不是本書討論的重點，這裡只做簡單的說明。上面介紹的只是監督學習中的一種預測過程，常見的預測過程還包括如下幾種。

- 監督學習需要提前給予標註資料，如前述的數字分類。監督學習的訓練要求，包括輸入和輸出。在訓練過程中需要向訓練框架提供大量的已經標註好的資料，如圖 3-7 所示：

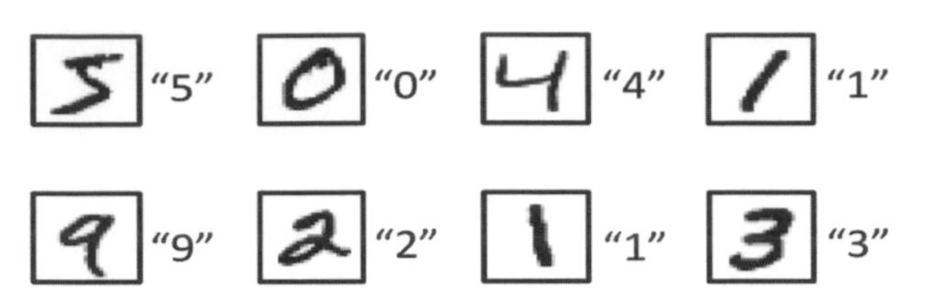

圖 3-7 提供已經標註好的資料

- 無監督學習不要求訓練集含有人工標註結果資料，如生成式對抗網路（GAN）就是一種無監督學習。
- 還有介於監督學習與無監督學習之間的半監督學習。

和機器學習相關的詞彙還有很多，比較重要的兩個概念就是下面要介紹的：神經網路和卷積神經網路。

3.4 神經元和神經網路

前面列出了對內容爲手寫數字的圖片進行預測的過程，比較容易理解，下面進一步瞭解一下那些聽起來高深莫測的概念（例如神經網路、神經元），你會發現其實它們並不複雜。

常見的神經網路可分爲前饋神經網路（Feed Forward Network）和遞迴神經網路（Recurrent Network）。對手寫數字的圖片進行分類，利用的就是典型的前饋神經網路，資料從輸入到輸出逐層地單向傳播。而遞迴神經網路的內部存在有向環。

3.4.1 神經元

人類的多個神經元是處於連接狀態的，資訊從一端輸入，從另一端輸出，要經過神經元的輸入和輸出結構。在電腦中進行神經網路運算時，其實也有可以類比人類神經元的輸入和輸出結構。開始運算時，我們要先給定一個輸入範圍值，根據自身設定的運算邏輯進行運算，最終給出一個輸出值。

在計算向量和矩陣的乘法時，將矩陣 $\boldsymbol{W}$ 的每列分開，即可以得到圖 3-8 中的 w_1 部分。

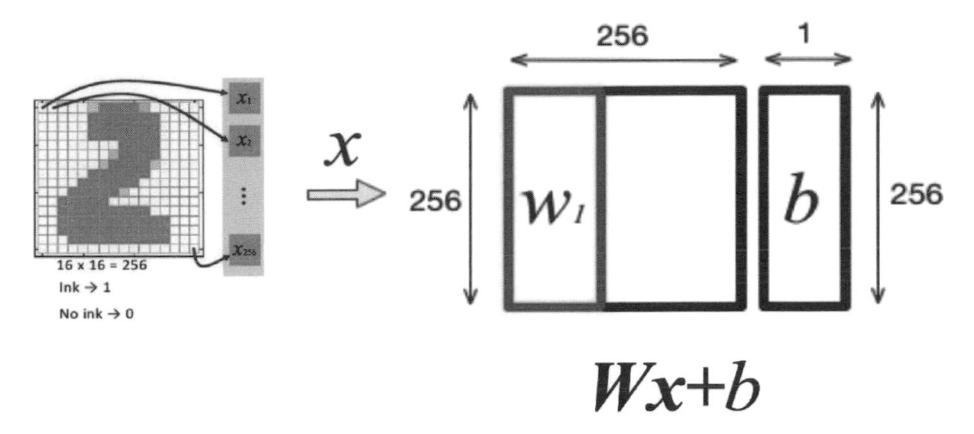

圖 3-8　將矩陣 $\boldsymbol{W}$ 的每列分開

可以將數學表達中的向量和矩陣乘法看作向量和矩陣逐行相乘，即 $w_1\boldsymbol{x}$，隨後輸出資料作爲啓動函數的輸入繼續計算（啓動函數（Activation Function）是在神經元上運算的函數，負責將神經元的輸入映射到輸出端，啓動函數能夠擴展線性神經網路的非線性處理能力），如圖 3-9 所示。

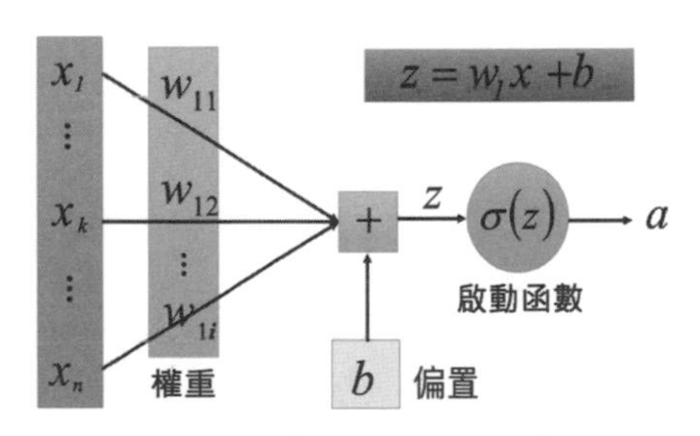

圖 3-9　權重與啓動函數

3.4.2　神經網路

$\boldsymbol{W}$ 中的一列和輸入向量 $\boldsymbol{x}$ 做乘法的過程，就是一個神經元接收信號並經過啓動函數處理的過程。如果將大量的神經元連接起來，就會形成一個像人類神經元一樣的神經元網路。經過連接組合以後，一個強大的前饋神經網路就被呈現出來了，如圖 3-10 所示。

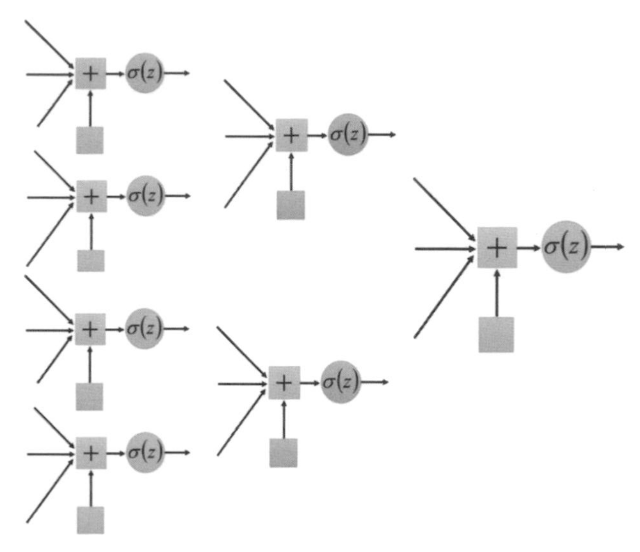

圖 3-10　神經元組合後的效果圖

3.5　卷積神經網路

前面介紹了機器學習和神經網路的相關概念。範例中的網路結構是比較初階的神經網路結構，和手機或嵌入式設備上實際執行的神經網路仍然有一些差別。前述神經網路結構稱爲全連接層，屬於深度學習網路中的一部分。在嵌入式設備上執行的神經網路結構中，一般會有卷積、池化、歸一化等運算，這些運算完成後得到的輸出結果會作爲輸入被傳入全連接層。

本節將介紹現在最熱門的深度學習神經網路結構——卷積神經網路，並透過一個生活中的例子來理解「卷積」的含義。理解卷積的作用和原理將有助於我們瞭解整個神經網路，也是實現高性能的嵌入式系統深度學習框架所必需的。

假設銀行存款利率是 10%，現在我將 100 元錢存入銀行。每年取出全部利息和本金，一起作爲本金存入銀行。比如，第一年本金是 100 元，第二年的本金將是 110 元，第三年的本金將是 121 元，以此類推。可以用一個表格來表示每年到期後所獲得的本利和，也就是下一年的本金，如表 3-1 所示：

表 3-1　每年結束後的本利和

	原始	第一年結束	第二年結束	第三年結束	第四年結束	第五年結束
金額（元）	100	$100\times(1+0.1)^1$	$100\times(1+0.1)^2$	$100\times(1+0.1)^3$	$100\times(1+0.1)^4$	$100\times(1+0.1)^5$

在整個存款過程中，所用的原始本金一直是最初的 100 元，以利滾利的方式存入銀行。觀察每年結束時的本利和，會發現很有規律，我們將全部的存款年數表現在公式中，可以寫爲：

第五年結束：$100\times(1+0.1)^{5-0}$

第四年結束：$100\times(1+0.1)^{5-1}$

第三年結束：$100\times(1+0.1)^{5-2}$

第二年結束：$100\times(1+0.1)^{5-3}$

第一年結束：$100\times(1+0.1)^{5-4}$

原始：$100\times(1+0.1)^{5-5}$

若 $f(i)=100$，$g(5-i)=(1.1)^{5-i}$ 則可以用 $f(i)=100\cdot g(5-i)$ 表示第 $5-i$ 年結束時所得到的本利和。

如果每年追加 100 元本金，作爲一條單獨的存款記錄來管理，那麼會出現多個存款項目，如表 3-2 所示。

表 3-2　每年追加 100 元本金的多個存款項目

	原始	第一年結束	第二年結束	第三年結束	第四年結束	第五年結束
金額（元）	100	$100\times(1+0.1)^1$	$100\times(1+0.1)^2$	$100\times(1+0.1)^3$	$100\times(1+0.1)^4$	$100\times(1+0.1)^5$
		100	$100\times(1+0.1)^1$	$100\times(1+0.1)^2$	$100\times(1+0.1)^3$	$100\times(1+0.1)^4$
			100	$100\times(1+0.1)^1$	$100\times(1+0.1)^2$	$100\times(1+0.1)^3$
				100	$100\times(1+0.1)^1$	$100\times(1+0.1)^2$
					100	$100\times(1+0.1)^1$
						100

用統一的公式來表示：已知 $f(i)=100\cdot g(5-i)$ 可以表示只有一個存款項目時，每一年能夠得到的全部本息；當有多個項目時，總共的本息就是多個項目的本息累加，可以得出表 3-3。

表 3-3　多個存款項目的複利累加計算

	原始：$f(i)\cdot g(0)$	第一年結束：$\sum_{i=0}^{1} f(i)\cdot g(1-i)$	第二年結束：$\sum_{i=0}^{2} f(i)\cdot g(2-i)$	第三年結束：$\sum_{i=0}^{3} f(i)\cdot g(3-i)$	第四年結束：$\sum_{i=0}^{4} f(i)\cdot g(4-i)$	第五年結束：$\sum_{i=0}^{5} f(i)\cdot g(5-i)$
金額（元）	100	$100\times(1+0.1)^1+$ 100	$100\times(1+0.1)^2+$ $100\times(1+0.1)^1+$ 100	$100\times(1+0.1)^3+$ $100\times(1+0.1)^2+$ $100\times(1+0.1)^1+$ 100	$100\times(1+0.1)^4+$ $100\times(1+0.1)^3+$ $100\times(1+0.1)^2+$ $100\times(1+0.1)^1+$ 100	$100\times(1+0.1)^5+$ $100\times(1+0.1)^4+$ $100\times(1+0.1)^3+$ $100\times(1+0.1)^2+$ $100\times(1+0.1)^1+$ 100

在每一年結束時得到的全部本息，就是函數f和函數g的卷積。卷積表達的意義就是多個運算的疊加。

3.6　圖像卷積效果

3.6.1　從全域瞭解視覺相關的神經網路

卷積在電腦視覺領域的應用最廣泛。卷積和池化起到了大幅減少輸入資料量和提取關鍵特徵的作用。在和圖像相關的卷積神經網路中，會有大量的卷積運算。一些常見的卷積神經網路結構中的卷積運算量佔全部神經網路運算量的90% 以上。在進入全連接層之前，一般會重複多次卷積（Convolution）和池化（Pooling）等操作，池化的概念會在 3.9 節中講到。現在先從全域來瞭解輸入資料被多次卷積和池化的過程，如圖 3-11 所示。

在經過圖 3-11 所示的流程處理後，得到的輸出結果就可以作爲下一個環節的輸入，即全連接層的輸入，如圖 3-12 所示。

若將圖 3-11 和圖 3-12 拼接起來，就可以看到完整的一個神經網路。

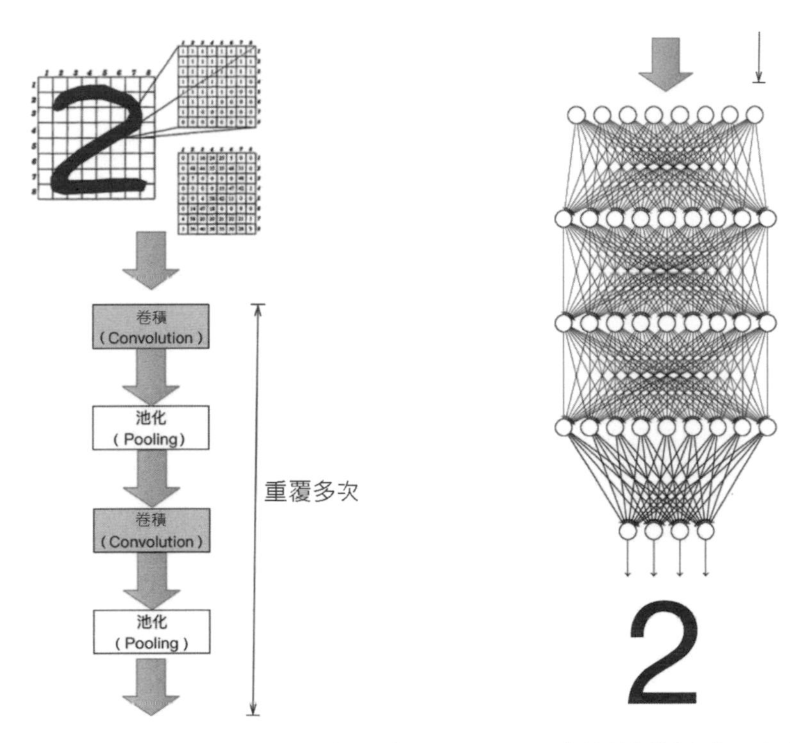

圖 3-11　卷積神經網路進入全連接層前的資料流程

圖 3-12　卷積神經網路進入全連接層後的資料流程

3.6.2　卷積核和矩陣乘法的關係

電腦視覺中的圖像卷積過程如圖 3-13 所示，每個方格的右下角都有一個數字，一共有 9 個數字，這 9 個數字被稱爲卷積核。每個數字分別乘以方格中心的數字後再相加，就得到了一個數字，也就是一個卷積特徵。這樣的一次乘法和加法（簡稱乘加）運算是一次最基本的卷積運算。

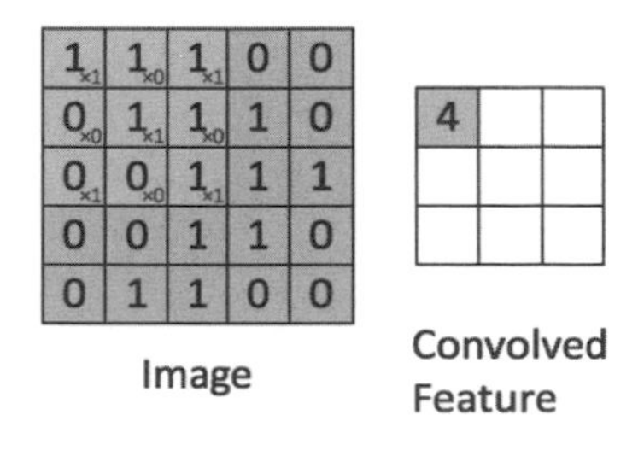

圖 3-13　圖像卷積過程示意

這一次乘加運算也可以視爲兩個向量的乘積。如下式所示，右邊的向量是卷積核向量，左邊是背景圖像裡的 9 個數字組成的向量。

$$\begin{bmatrix}1 & 1 & 1 & 0 & 1 & 1 & 0 & 0 & 1\end{bmatrix} \cdot \begin{bmatrix}1\\0\\1\\0\\1\\0\\1\\0\\1\end{bmatrix} = 4$$

完成第一個運算後，將卷積核向右移動一行，繼續和背景圖像裡的數字做乘加運算，如下式和圖 3-14 所示。每次運算後，都繼續向右移動，完成一列後將卷積核向下移動一列，並從最左邊的行開始繼續運算。這樣的疊加效果是卷積的另一種物理意義，卷積也是電腦視覺領域中的常見運算。

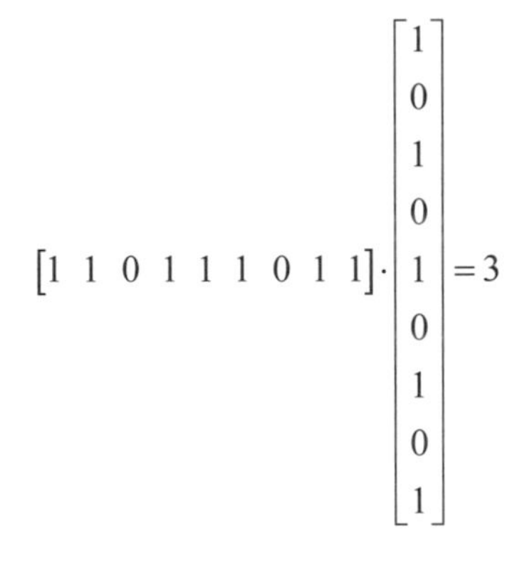

$$\begin{bmatrix}1 & 1 & 0 & 1 & 1 & 1 & 0 & 1 & 1\end{bmatrix} \cdot \begin{bmatrix}1\\0\\1\\0\\1\\0\\1\\0\\1\end{bmatrix} = 3$$

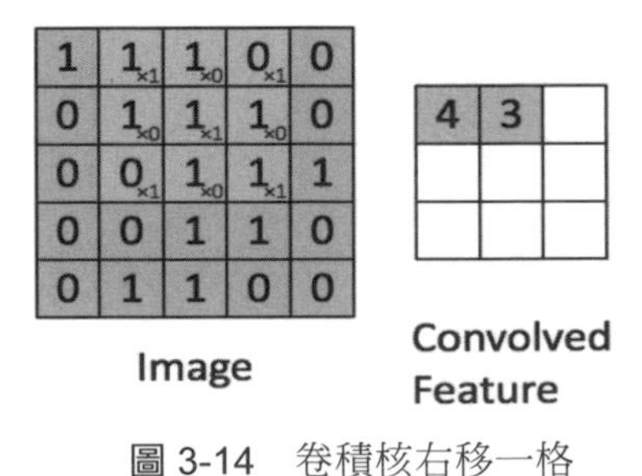

圖 3-14　卷積核右移一格

將上述兩步運算合併到一起，就可以視爲一個 2×9 的矩陣和一個 9 維向量相乘，得到一個二維向量。

$$\begin{bmatrix} 1 & 1 & 1 & 0 & 1 & 1 & 0 & 0 & 1 \\ 1 & 1 & 0 & 1 & 1 & 1 & 0 & 1 & 1 \end{bmatrix} \cdot \begin{bmatrix} 1 \\ 0 \\ 1 \\ 0 \\ 1 \\ 0 \\ 1 \\ 0 \\ 1 \end{bmatrix} = \begin{bmatrix} 4 \\ 3 \end{bmatrix}$$

上述 3×3 卷積核以每次以一格的移動，在 5×5 的圖片（實際上的圖片要比這大得多）上做卷積，左右上下一共可以移動 9 次，完成移動後卷積核的位置如圖 3-15 左圖所示，用公式表示如下。

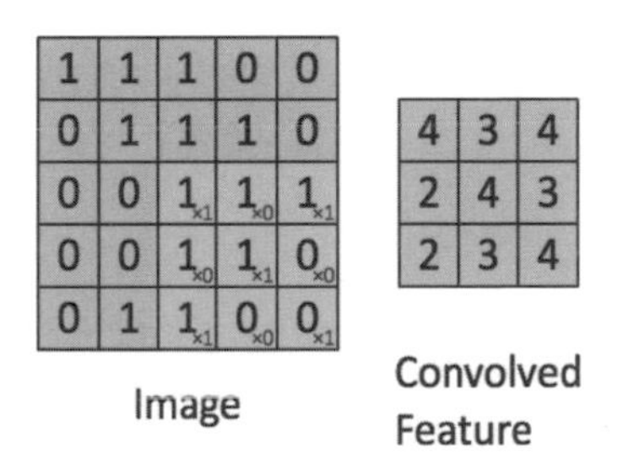

圖 3-15　卷積核完成所有移動

$$\begin{bmatrix} 1 & 1 & 1 & 0 & 1 & 1 & 0 & 0 & 1 \\ 1 & 1 & 0 & 1 & 1 & 1 & 0 & 1 & 1 \\ 1 & 0 & 0 & 1 & 1 & 0 & 1 & 1 & 1 \\ 0 & 1 & 1 & 0 & 0 & 1 & 0 & 0 & 1 \\ 1 & 1 & 1 & 0 & 1 & 1 & 0 & 1 & 1 \\ 1 & 1 & 0 & 1 & 1 & 1 & 1 & 1 & 0 \\ 0 & 0 & 1 & 0 & 0 & 1 & 0 & 1 & 1 \\ 0 & 1 & 1 & 0 & 1 & 1 & 1 & 1 & 0 \\ 1 & 1 & 1 & 1 & 1 & 0 & 1 & 0 & 0 \end{bmatrix} \cdot \begin{bmatrix} 1 \\ 0 \\ 1 \\ 0 \\ 1 \\ 0 \\ 1 \\ 0 \\ 1 \end{bmatrix} = \begin{bmatrix} 4 \\ 3 \\ 4 \\ 2 \\ 4 \\ 3 \\ 2 \\ 3 \\ 4 \end{bmatrix}$$

3.6.3 多通道卷積核的應用

3.6.2節中所展示的卷積核和輸入資料都是最簡單的形式。在實際應用中，輸入的圖片資料往往是彩色的，一個彩色圖片的圖元由三種顏色值組成，也就是常說的R、G、B，分別對應紅、綠、藍三個通道（channel，一般簡寫為C），尺寸同樣是5×5的圖片，其圖片將變成 5×15。卷積核的向量維數同樣也要隨之增加，變成27（9×3）維的向量。

輸入的圖片存在多通道情況，卷積核也同樣存在多通道卷積核，比如某個卷積核只針對紅色通道做卷積。卷積核的高（height）和寬（width）一般簡寫為H和W。另外，除了多通道，還要考慮多個卷積核的情況，一般將卷積核的數量記為N。

將多通道卷積核相關概念的英語單詞首字母組合在一起，可以簡寫為NCHW或者NHWC，這兩種寫法代表兩種不同的資料排列方式，如圖3-16所示。N表示有幾張圖片或者幾個卷積核；H表示圖像或者卷積核的高；W表示圖像或者卷積核的寬；C表示通道數，黑白圖像的C為1，RGB圖像的C為3。在NCHW寫法中，C在外層，每個通道內的資料以「RRRRRRGGGGGGBBBBBB」格式排列；在NHWC寫法中，每個通道內的資料以「RGBRGBRGBRGBRGBRGB」格式排列。

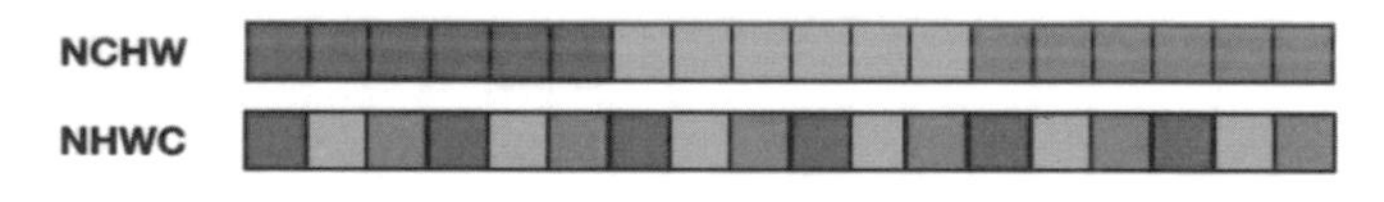

圖 3-16　兩種不同的資料排列方式

NCHW和NHWC兩種寫法不僅可以用來表現圖片資料的儲存排列方式，也可以用來表示卷積核的參數在模型內的排列方式。在常用的TensorFlow等框架中，一般都可以在兩種方式間自由轉換。

3.7 卷積後的圖片效果

前面提到過，卷積神經網路應用最廣泛的領域是電腦視覺，也從兩種物理意義的角度解釋了卷積，以及卷積和矩陣乘法的轉換方式。現在一起來看一些更有趣味性的內容——卷積後的圖片是什麼樣子的。

為了能快速查看卷積後的效果圖，可以在 IDE 中編寫一些 Python 腳本來查看。筆者使用 PyCharm 作爲開發工具，使用 anaconda 作爲 Python 包管理工具。

PyCharm 和 anaconda 的安裝比較簡單，下載後直接安裝即可，這裡不再贅述，假設你已經安裝好了 PyCharm 和 anaconda。

進入 PyCharm 的設定頁面，如圖 3-17 所示。

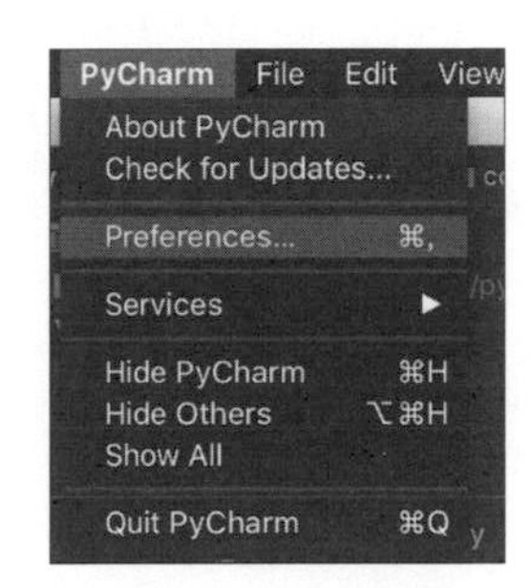

圖 3-17　PyCharm 的設置頁面

透過搜尋功能找到 Project Interpreter 選項，選擇 Show All…選項，如圖 3-18 所示。

點選加號進入新增頁面，如圖 3-19 所示。

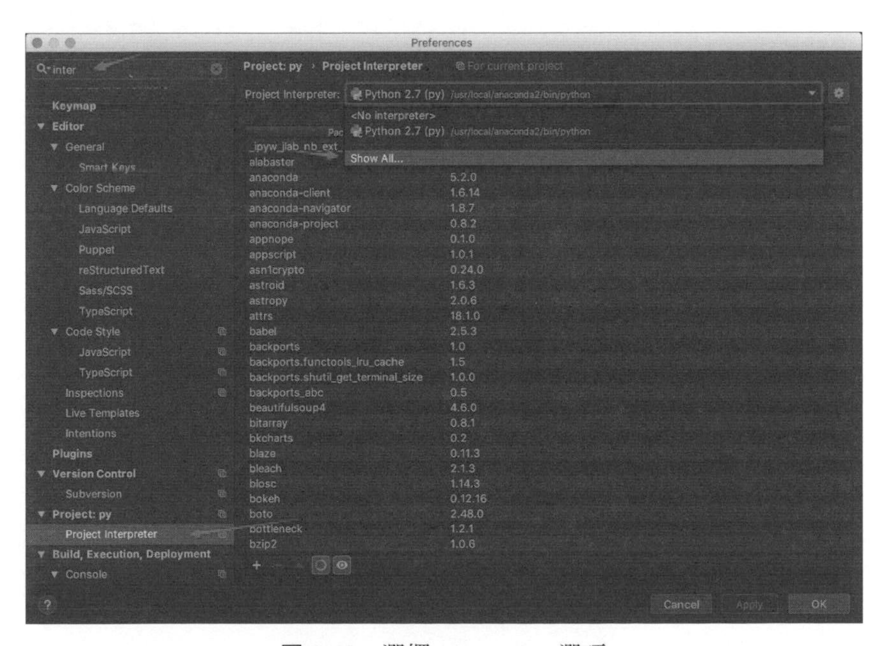

圖 3-18　選擇 Show All… 選項

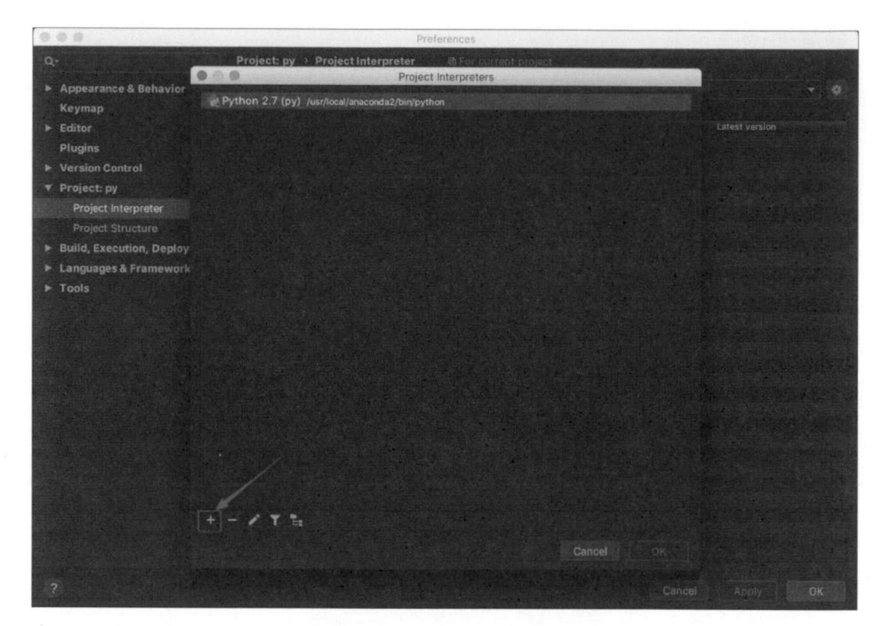

圖 3-19　進入新增頁面

勾選 Existing environment 選項後再進行新增操作，如圖 3-20 所示。

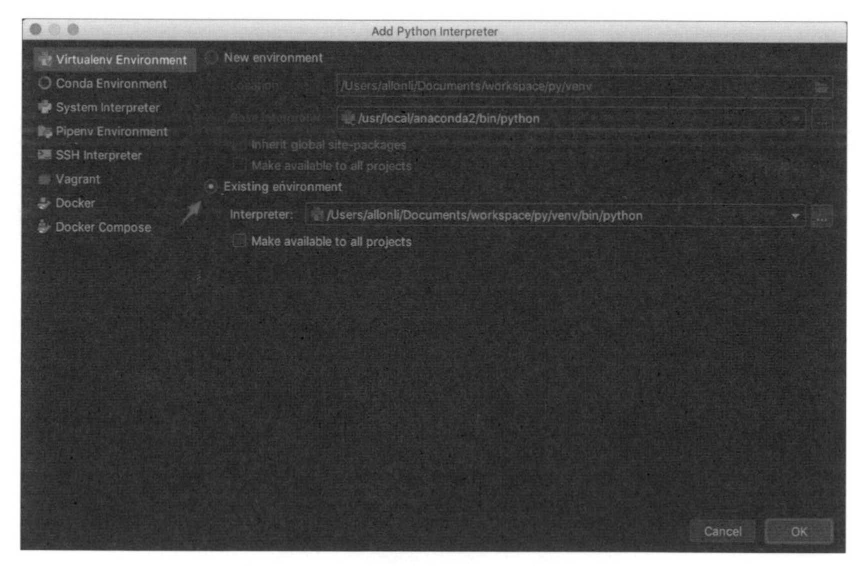

圖 3-20　勾選 Existing environment 選項

完成上述操作後，現在用下面程式碼對一張圖片執行一次卷積操作。

```
# -*- coding: utf-8 -*

import matplotlib.pyplot as plt
import pylab
import numpy as np


def conv(img, conv_kernel):
    '''
    :param img: 輸入圖片
    :param conv_kernel: 卷積核
    :return: 返回卷積後的結果
    '''
    blue = _conv(img[:, :, 0], conv_kernel)
    green = _conv(img[:, :, 1], conv_kernel)
    red = _conv(img[:, :, 2], conv_kernel)
    return np.dstack([blue, green, red])  # 通道合併，返回


def _conv(img, conv_kernel):
    '''
    :param img: 輸入圖片
    :param conv_kernel: 卷積核
    :return:
    '''
    kernel_height = conv_kernel.shape[0]  # 卷積核的高度
    kernel_width = conv_kernel.shape[1]   # 卷積核的寬度

    conv_height = img.shape[0] - conv_kernel.shape[0] + 1  # 卷積結果
的大小
    conv_width = img.shape[1] - conv_kernel.shape[1] + 1

    conv = np.zeros((conv_height, conv_width), dtype='uint8')

    for i in range(conv_height):
        for j in range(conv_width):  # 乘加得到每一個點
            conv[i][j] = wise_element_sum(img[i:i + kernel_height, j:j
+ kernel_width], conv_kernel)
    return conv
```

```
def wise_element_sum(img, conv_kernel):
    '''乘加
    :param img:
    :param conv_kernel:
    :return:
    '''
    return (img * conv_kernel).sum()


img = plt.imread("test.jpg")    # 在這裡讀取圖片

plt.imshow(img)  # 輸入圖片
pylab.show()

kernel = np.array([[1, 0, 1],  # 卷積核
                   [0, 1, 0],
                   [1, 0, 1]])

res = conv(img, kernel)

plt.imshow(res)  # 顯示卷積後的圖片
pylab.show()
```

原圖效果如圖 3-21 所示：

圖 3-21　原圖效果

卷積核爲$\begin{bmatrix} 1 & 0 & 1 \\ 0 & 1 & 0 \\ 1 & 0 & 1 \end{bmatrix}$，對原圖進行運算後的效果如圖 3-22 所示。

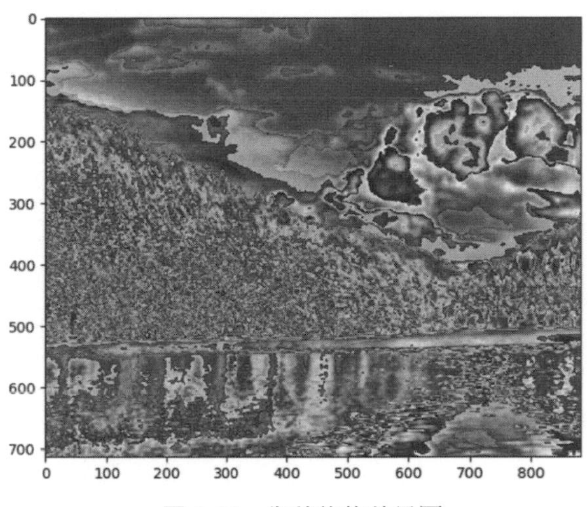

圖 3-22　卷積後的效果圖

試想如果把卷積核改爲$\begin{bmatrix} 0 & 0 & 0 \\ 0 & 1 & 0 \\ 0 & 0 & 0 \end{bmatrix}$，會發生什麼？爲什麼？

3.8　卷積相關的兩個重要概念：padding 和 stride

爲了便於理解，前面卷積核的例子以最簡單的方式呈現了卷積運算過程。在行動端可執行的神經網路中，還有一些其他因素影響著卷積計算的效果和計算量，比較重要的就是 padding 和 stride。

3.8.1　讓卷積核「出界」：padding

在 3.6.2 節的卷積例子中，卷積核的移動範圍並沒有超出圖片邊緣，因此，圖片的邊緣部分只進行了一次乘加運算，卷積的疊加並不充分。爲了讓每個像素都進行足夠充分的卷積運算，引入一種常見的技巧——padding。

padding 過程就是在圖片周圍進行補 0 操作，同時讓卷積核越出邊界，如圖 3-23 所示。由於補的數字都是 0，所以並不會影響原圖和卷積後的有效資料。對 padding 後的圖片再進行卷積，就可以使每一個像素卷積的疊加足夠充分。

0	0	0			
0	1	0	1	0	1
0	0	0	1	1	0
	0	1	1	0	0
	1	0	0	0	1
	0	0	1	1	0

圖 3-23　padding 計算過程

3.8.2　讓卷積核「跳躍」：stride

在前面的例子中，每一次乘加計算後，卷積核都只移動一格。如果卷積核一次移動兩格，就會減少運算量，也能調整輸出尺寸。爲了控制卷積核每次的移動範圍，引入 stride（間隔）的概念。

圖 3-24 所示是當 stride 等於 2 時，卷積核向右一次移動兩格的效果圖。

0	0	0			
0	1	0	1	0	1
0	0	0	1	1	0
	0	1	1	0	0
	1	0	0	0	1
	0	0	1	1	0

	0	0	0	
1	0	1	0	1
0	0	1	1	0
0	1	1	0	0
1	0	0	0	1
0	0	1	1	0

圖 3-24　stride 等於 2 的情況

3.9　卷積後的降維操作：池化

對圖片做卷積處理後，會得到輸出特徵向量。但是該向量和全連接層的計算量過大，另外也存在過擬合和無法輸出定長等問題。為了解決這些問題，一般會對卷積後的輸出資料分段選擇最大值或者平均值，以得到一個盡可能低維的輸出。這個降維過程稱為池化，英文名為 pooling。圖 3-25 所示是卷積計算後，將卷積的輸出進行池化，從而迅速得到了降維的池化輸出。

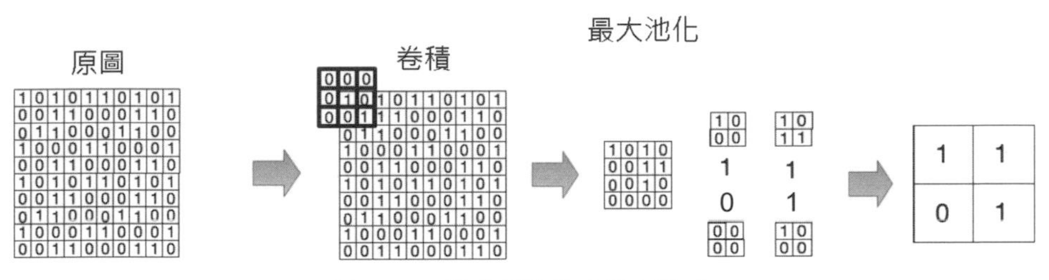

圖 3-25　對卷積的輸出進行池化

圖 3-25 中進行了一系列的操作：原圖經過卷積、提取特徵，然後池化，最後的輸出結果只有 4 維。這樣的系列操作在實際應用中是反覆多次進行的，考慮到嵌入式設備的計算能力有限，池化操作對於減少嵌入式設備上的神經網路計算量也有一定意義。

瞭解了神經網路中的卷積和池化運算元之後，再來看一下整個神經網路橫向擺放並加上卷積、池化的效果圖，如圖 3-26 所示。

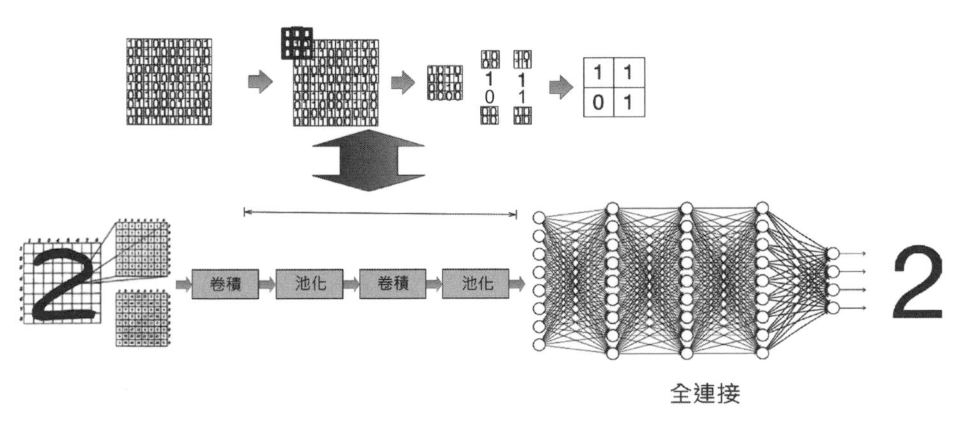

圖 3-26　將卷積、池化連接到神經網路

3.10 卷積的重要性

在卷積神經網路中，卷積在演算法層面對整個網路的特徵處理、運算量控制都非常重要。卷積運算的過程會佔用整個神經網路運算的絕大部分時間，卷積運算的耗時指標是一個卷積神經網路框架性能的關鍵指標。在圖 3-27 中，第一項是含有卷積的一個融合運算元，其中 conv 是卷積的縮寫。這個融合運算元內的 add、bn、relu 的計算耗時並不多，但加入卷積運算元後，整個融合運算元的運算時長佔到了整個神經網路運算時長的 94% 以上。第 7 章將會深入到計算框架內部，研究如何基於 ARM 嵌入式系統的結構進行程式設計，在更深的層面進行性能最佳化。

```
====================[ profile ]======================
fusion_conv_add_bn_relu 37767712        94.6176
pool2d                  1166146         2.9215
fusion_conv_add         836458          2.0955
feed                    102604          0.2570
softmax                 37500           0.0939
reshape                 4687            0.0117
fetch                   1042            0.0026
total                   39916148        100.0000
====================[---------]======================
predict cost :40.6132ms
s1 cost :2.8856ms
s2 cost :2.811ms
```

圖 3-27　卷積網路的耗時分佈

行動端常見網路結構

行動端設備的運算能力較差，並不適合執行所有的神經網路結構。2018年，在筆者的工作環境中使用的神經網路結構主要有：

- MobileNet v1、MobileNet v2、MobileNet + SSD、MobileNet + FSSD
- GoogLeNet v1、GoogLeNet v2、GoogLeNet v3
- YOLO
- SqueezeNet
- ResNet 34、ResNet 32
- AlexNet
- ShuffleNet v2

以上模型在行動端設備上表現出了不同的性能，但是都已經驗證可以在大部分應用場景中運行。本章主要介紹行動端設備上常見的幾種網路結構，瞭解它們將有助於瞭解性能最佳化。

4.1 早期的卷積神經網路

20 世紀 80 年代，LeCun 第一次提出了真正意義上的卷積神經網路，經過改進後的 LeCun 網路被用於手寫字元辨識任務；後來又出現了 LeNet 網路。這些早期的卷積神經網路被用於人臉檢測和辨識、字元辨識等任務。由於大規模卷積神經網路的運算需要電腦設備具有很強的計算能力，所以在當時的環境下很難快速發展循環運算。另外梯度消失問題、訓練樣本數的限制等問題導致這些早期的網路結構並未被廣泛的應用。

4.2 AlexNet 網路結構

在 2012 年的 ImageNet 競賽中，AlexNet 網路結構被評爲冠軍模型，它的出現也讓卷積神經網路重新得到注意。與早期的卷積神經網路相比，AlexNet 的層級更深，參數規模更大。同時，AlexNet 引入了新的啓動函數 ReLU。AlexNet 網路結構如圖 4-1 所示，這個網路有 5 個卷積層，它們中的一部分後面接著 Max pooling 層。ImageNet 圖集有 1000 個圖片分類，意味著 AlexNet 的最後一層 softmax 層也會輸出到 1000 個節點，與 ImageNet 圖集的圖片分類對應。第 1 個卷積層有 96 組（每組 3 個）11×11 大小的卷積核，卷積操作的間隔爲 4。每個通道對應 3 個卷積核，具體實作時是用 3 個 2 維的卷積核分別作用在 RGB 通道上，然後將 3 個輸出相加。

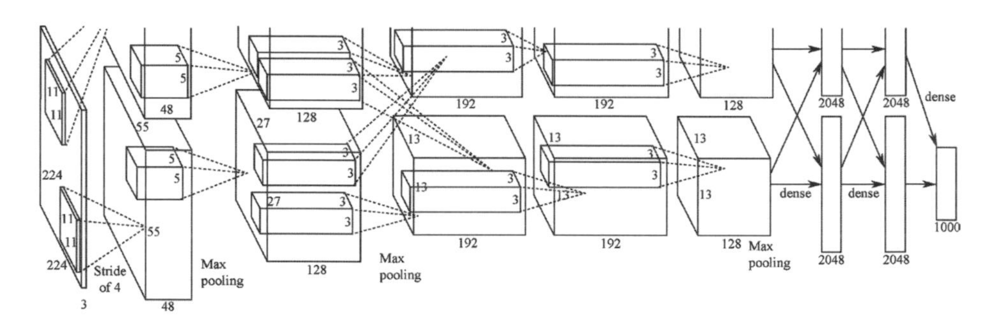

圖 4-1　AlexNet 網路結構

4.3 GoogLeNet 網路結構

AlexNet 網路結構雖然提升了圖片辨識準確率，但它畢竟是爲伺服器端設計的，模型體積和計算量都比較大，對行動端設備不夠友善。

2014 年，GoogLeNet 網路結構在 ImageNet 挑戰賽（ILSVRC14）中獲得了第一名，成功解決了上述兩個問題。GoogLeNet 的主要創新是導入了 Inception 機制，即對圖片進行多尺度處理。這種機制帶來的一個好處是大幅減少了模型的參數量，實際做法是將多個不同尺度的卷積核、池化層進行整合，形成一個 Inception 模組。典型的 Inception 模組結構如圖 4-2 所示，該結構將 CNN 中常用的卷積核（1×1、3×3、5×5）、池化操作（3×3）堆疊在一起（卷積、池化後的尺寸相同，將通道相加）。Inception 增加了網路的寬度，也增強了網路局部對尺度的適應能力。

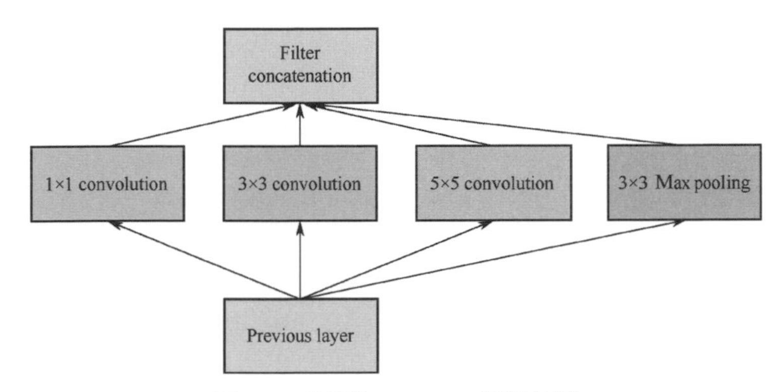

圖 4-2　典型的 Inception 模組結構

接下來實際看一下 GoogLeNet 網路結構是如何成功解決 AlexNet 網路結構模型體積和計算量過大的問題。

4.3.1　模型體積問題

行動端儲存容量上限明顯小於伺服器端，因此對模型體積非常敏感。AlexNet 剛出現時，行動端儲存空間比現在更有限，當時的行動裝置記憶體無法容納完整的 AlexNet 模型，想要在記憶體資源有限的行動端設備執行 AlexNet 模型可說是困難重重。

GoogLeNet 模型參數有 500 萬個，是 AlexNet 模型參數個數的 1/12，這直接表現在模型所需的儲存空間和對記憶體的佔用上。GoogLeNet 雖然深度有 22 層，但大小卻比 AlexNet 小很多。表 4-1 是使用 PaddlePaddle 的 fluid 版本訓練的兩個神經網路的模型體積對照表，可以看到 AlexNet 的體積約為 GoogLeNet 的 9.2 倍。

表 4-1　GoogLeNet 模型與 AlexNet 模型體積對照

模型	模型體積
GoogLeNet	23.9MB
AlexNet	220MB

4.3.2 計算量問題

前面講過，GoogLeNet的主要創新是導入了Inception機制，進而大大減少了參數量，這不僅使模型體積減小很多，還使得計算量降低很多。圖4-3是GoogLeNet的完整結構圖，可以看到整個GoogLeNet網路結構中大量使用了Inception結構，而且卷積在網路結構的節點數量中佔比非常大，運算所需的時間大多耗費在卷積運算上。

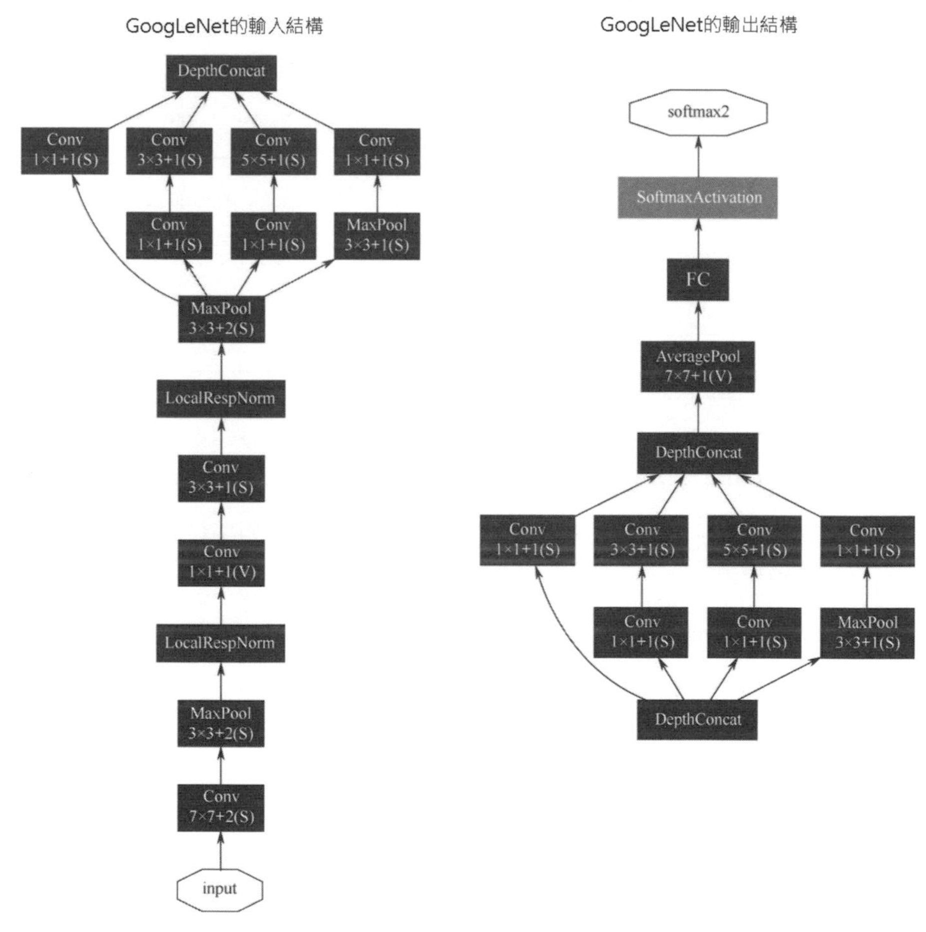

圖4-3 GoogLeNet的輸入輸出結構圖

4.4 嘗試在 App 中執行 GoogLeNet

2015 年，筆者所在的團隊開始嘗試將 GoogLeNet v1 模型執行在行動端，落地場景是圖片搜尋，這也是深度學習被廣泛應用的場景之一。實作的是在進入圖片搜尋介面後，自動透過主體檢測找到物體，然後裁剪出圖片輪廓，並進行圖片搜索。主體檢測過程的計算在行動端執行，這樣能避免不必要的流量消耗，還可以提升速度。

接下來將回顧我們團隊在行動端的 App 中使用 GoogLeNet 模型的過程。

4.4.1 將 32 位元 float 參數轉化為 8 位元 int 參數以降低傳輸量

在表 4-1 中，我們看到 GoogLeNet 模型的體積是 23.9MB。如果整個模型都透過網路傳輸到行動端，那麼用戶在第一次開啓應用神經網路技術的功能時，就要等待很長的下載時間。另外，訓練過程模型也在不停地反覆運算，模型需要經常升級，如果每次升級後都要用戶下載近 24MB 的模型檔，顯然不合適。

爲了將模型體積進一步壓縮，我們嘗試了一種簡單的映射方法：將原模型的 32 位元 float 類型強制映射到 8 位元 int 類型。

如下 C++ 程式片段就是轉換過程的部分程式碼，它的核心思想是找出模型全部參數中的最大值和最小值。用最大值減去最小值得到整個模型參數的跨度，再平均分爲 255 份，就可以做映射了。

```
// for float 32
float min_value = std::numeric_limits<float>::max();
float max_value = std::numeric_limits<float>::min();

for (int k = 0; k < memory_size; ++k) {
    min_value = std::min(min_value, static_cast<float *> (memory)[k]);
    max_value = std::max(max_value, static_cast<float *> (memory)[k]);
}

fwrite(&min_value, sizeof(float), 1, out_file);
fwrite(&max_value, sizeof(float), 1, out_file);

for (int g = 0; g < memory_size; ++g) {
```

```
    float value = static_cast<float *> (memory)[g];
    auto factor = (uint8_t) round((value - min_value) / (max_value - 
min_value) * 255);
    fwrite(&factor, sizeof(uint8_t), 1, out_file);
}
```

經過上述程式碼的轉化，一個 GoogLeNet 模型的體積從 23.9MB 一下子減小到 6MB。再將該 6MB 的模型檔使用 zip 壓縮演算法壓縮之後，最後的體積僅爲 4.5MB。

在執行過程中，由於模型框架使用的仍然是 32 位元 float 類型，所以還要從 8 位元 int 類型反向轉換到 32 位元 float 類型，這會導致精細度降低。不過當時經過兩次轉換後，模型精細度仍然是滿足主體檢測的精細度要求的，因而採用了此方法。在實際使用中，如果是對精細度敏感的模型，就要愼重使用該方法。

4.4.2 將 CPU 版本伺服器端框架移植到行動端

解決了模型體積問題之後，團隊接下來面臨的問題是當時（2015 年到 2016 年時）專門針對行動端的深度學習框架較少，沒有直接可用的框架。爲了解決這一問題，我們決定對伺服器端的框架進行移植。多方比對後，我們選擇了 Caffe（全稱是 Convolutional Architecture for Fast Feature Embedding）。Caffe 是一種常用的伺服器端深度學習框架，主要應用在視頻、影像處理方面。

在框架移植過程中，我們同樣遇到了體積過大的問題，如果按伺服器端的依賴編譯 Caffe 框架，那麼框架體積很容易超過 30MB，甚至超過了某些行動端 App 本身的大小。爲了減少佔用的儲存空間，我們僅保留了 GoogLeNet v1 所需要的 layer，刪除了容量較大的協力廠商函式庫，調整成使用適合行動端的協力廠商函式庫。當時主要做了以下調整：

- 放棄使用 protobuf：由於 protobuf 函式庫體積較大，我們放棄使用 protobuf 格式，轉而定制編寫了一套精簡的 JOSN 格式，並將模型描述檔從 protobuf 轉化爲 JOSN 描述檔。這樣就將原來數 MB 的 protobuf 函式庫縮減到了 100KB 左右。不過放棄使用 protobuf 的同時也放棄了模型轉化的便利，因爲 protobuf 是大多數框架支援的主流模型描述格式。（這裡說明一點，我們後來研發的 Paddle-Lite 框架重新支持了 protobuf 格式，而且為了減小體積，我們重新編寫了簡化的 protobuf，得到了兩全其美的解決方案。）

- 刪除後送傳播過程：由於是在行動裝置上執行預測過程的，因而不需要用於訓練的後送傳播過程。我們將全部程式碼進行簡化，只保留預測過程，進一步減少了框架體積。
- 調整其他協力廠商函式：gflag 和 glog 等函式也被切換到手寫或者簡化的函式庫。

最後保留的主要程式碼檔案如下：

```
- Blob
- InnerProductLayer
- ReLU
- MaxPooling
- AveragePooling
- CrossChannelLRN
- ConvolutionLayer
- Concat
- Net
```

經過大規模精簡，函式庫的體積被壓縮到了 400KB ～ 500KB。Android 系統已經可以透過網路快速下載 so 庫，並設計為只在使用時才載入 so 庫。iOS 系統的 IPA 的大小也只增長了 100KB ～ 200KB。

4.4.3　應用在產品中的效果

克服模型和框架的相關上線障礙的同時，我們團隊還解決了非常多的性能問題。性能最佳化的知識點相對比較零散，被集中放到了第 7 章和第 8 章。

解決了許多問題以後，2016 年年中，我們在手機百度 App 中率先使用了行動端深度學習技術，各大應用市場也都上線了這樣的功能。圖片辨識的產品介面如圖 4-4 所示，在使用深度學習技術之前，進入拍照搜索（入口是百度 App 的搜索框右側的相機按鈕）頁面後，要手動拍照並將整張圖片發送到伺服器端，耗費的流量較大且速度較慢；使用了深度學習主體檢測技術後，圖中的主體可以被檢測到，從而只發送部份裁剪圖片即可，這樣既減少了網路請求的耗時，也節省了使用者的網路流量。串流影片搜索應用的介面如圖 4-5 所示，入口也是搜索框右側的相機按鈕（2019 年的版本）。

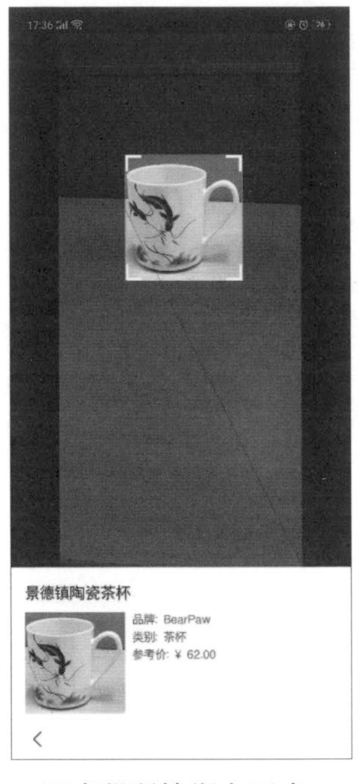

圖 4-4　深度學習技術在百度 App 中的應用

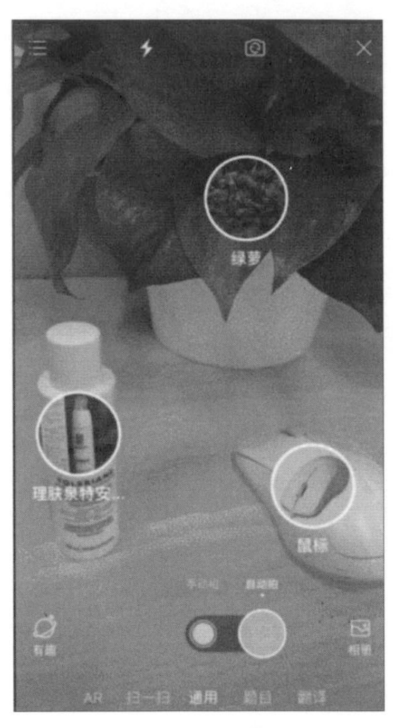

圖 4-5　深度學習技術應用在串流影片搜尋中的介面

4.5　輕量化模型 SqueezeNet

SqueezeNet 模型是由柏克萊與史丹佛的研究人員在 ICLR-2017 會議上聯合發表的。從名字可以看出，SqueezeNet 網路結構的特別之處在於 squeeze 層，該層使用 1×1 的卷積核對上一層輸出進行卷積，squeeze 層發揮的是降維作用。

在設計 SqueezeNet 時，研究人員考慮了自動駕駛汽車和 FPGA 嵌入式設備對於模型體積的限制，並針對模型體積要求嚴格的設備設計了 SqueezeNet 的小型 CNN 架構。SqueezeNet 在 ImageNet 上達到了 AlexNet 同級別的精確度，參數量減少爲 AlexNet 參數量的 1/50，SqueezeNet 的模型體積可以壓縮到 0.5MB 以內。

可以參考「連結 11」下載 SqueezeNet 模型。

4.5.1 SqueezeNet 的最佳化策略

SqueezeNet 將減少參數量和保證精確度作爲主要目標，爲了實現這兩個目標，SqueezeNet 採取的策略主要有三個：

- 策略一：3×3 卷積核的參數量是 1×1 卷積核參數量的 9 倍，SqueezeNet 中使用了更多的 1×1 卷積核來取代 3 ×3 卷積核，進而減少了參數量。
- 策略二：3×3 卷積核相關的全部參數裡還要考慮輸入通道數 C 和卷積核的數量 N。參數總量應該是 $(3\times3)\times C\times N$。爲了將整個網路的參數量減少，SqueezeNet 不僅減少了 3×3 卷積核的數量，還減少了 3×3 卷積核輸入通道的數量。
- 策略三：縮小輸出資料的下採樣操作被放在網路後段進行，SqueezeNet 的設計者們稱之爲延遲下採樣。池化等操作可以大幅縮小中間輸出尺寸，將其放在後段可以盡可能地保留中間資料，進而提高最後輸出資料的精確度。這樣可以使卷積層的輸出更大，特徵盡可能多地被保存下來。另外，如果 1×1 卷積核的 stride（間隔）大於 1，則會縮小輸出結果的尺寸，將這部分卷積操作集中在網路的尾部，同樣會使網路中的許多層具有較大的輸出結果。大的輸出結果對應了更高的分類精確度。

前兩個策略主要是將參數量減少，進而最佳化模型體積和計算速度。第三個策略的目的是使用有限的參數量獲得儘量好的精確度。接下來一起看一下 SqueezeNet 中頻繁出現的結構——fire 模組是如何實踐以上最佳化策略的。

4.5.2 fire 模組

fire 模組的結構圖如圖 4-6 所示，從圖中可以看到，fire 模組包括兩個部分：

- 一個只有 1×1 卷積核的 squeeze 層。
- 一個 1×1 和 3×3 卷積核組合的 expand 層。

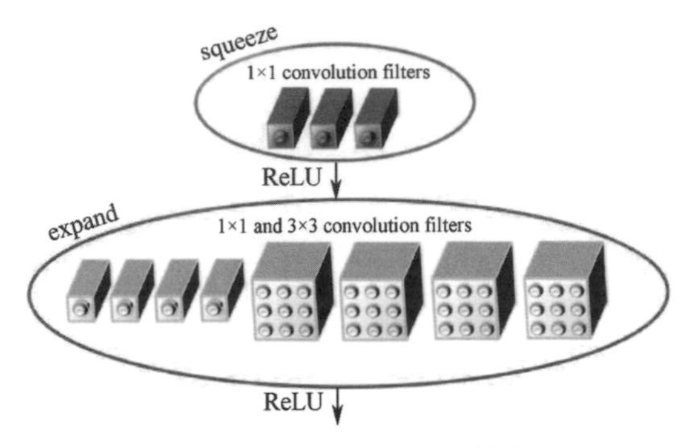

圖 4-6　fire 模組的結構圖

squeeze 層僅有一個 1×1 卷積核，輸出到由 1×1 和 3×3 卷積核組成的 expand 層。fire 模組可以任意地使用 1×1 卷積核，這應用了 4.5.1 節中的策略一。

fire 模組還有三個可調整的超參數：squeeze 層的 1×1 卷積核數量、expand 層的 3×3 卷積核數量和 expand 層的 1×1 卷積核數量。squeeze 層的卷積核數量少於 expand 層的卷積核數量，這應用了 4.5.1 節中的策略二。

4.5.3　SqueezeNet 的全域

圖 4-7 展示了 SqueezeNet 的全域結構圖，從左到右依次為 SqueezeNet 全域視圖、SqueezeNet 的簡單分支、具有複雜分支結構的 SqueezeNet。SqueezeNet 的起點是一個 1×1 的卷積層（conv1），然後是 8 個 fire 模組（fire2 ～ fire9），最後在 fire10 結束。在 SqueezeNet 網路結構圖中，卷積核的數量從開始到結束逐步增加。SqueezeNet 在 conv1、fire4、fire8 和 fire10 之後才執行 stride（間隔）為 2 的最大池化（maxpool）操作，這採用了 4.5.1 節中的策略三，延遲下採樣。

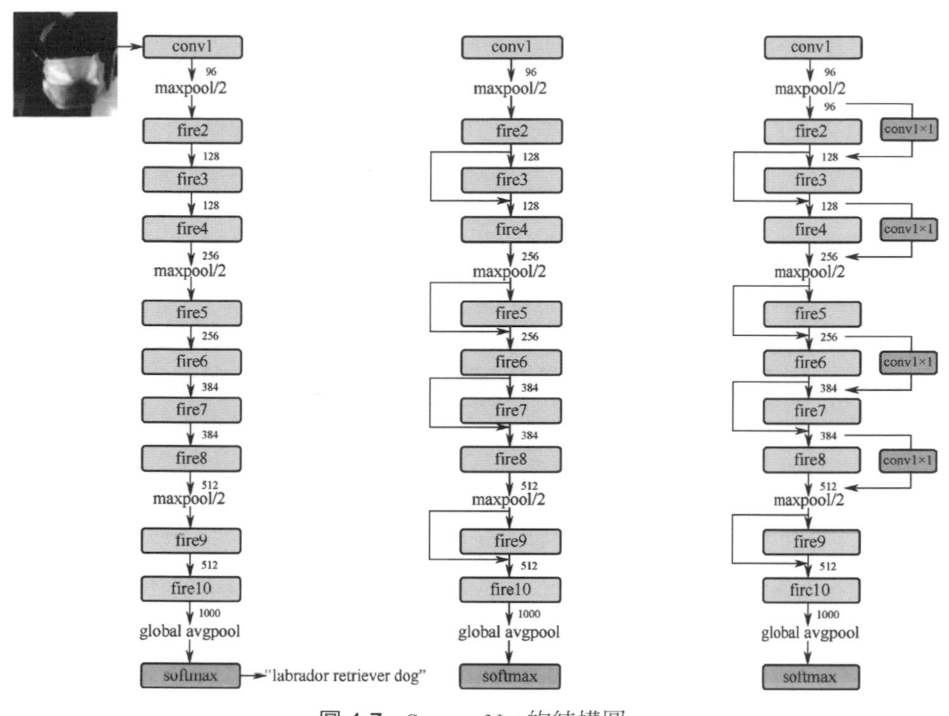

圖 4-7　SqueezeNet 的結構圖

SqueezeNet 的作者提供了模型佔用的儲存空間的資料表格，其與 AlexNet 模型的對比如圖 4-8 所示：

CNN網路結構	壓縮方式	數據類型	原始模型→壓縮模型	相比原始 AlexNet 的壓縮倍率	Top-1 ImageNet 精度	Top-5 ImageNet 精度
AlexNet	None (baseline)	32 bit	240MB	1x	57.2%	80.3%
AlexNet	SVD (Denton et al., 2014)	32 bit	240MB → 48MB	5x	56.0%	79.4%
AlexNet	Network Pruning (Han et al., 2015b)	32 bit	240MB → 27MB	9x	57.2%	80.3%
AlexNet	Deep Compression (Han et al., 2015a)	5-8 bit	240MB → 6.9MB	35x	57.2%	80.3%
SqueezeNet (ours)	None	32 bit	4.8MB	**50x**	57.5%	80.3%
SqueezeNet (ours)	Deep Compression	8 bit	4.8MB → 0.66MB	**363x**	57.5%	80.3%
SqueezeNet (ours)	Deep Compression	6 bit	4.8MB → 0.47MB	**510x**	57.5%	80.3%

圖 4-8　SqueezeNet 和與 AlexNet 模型對比

從圖 4-8 中可以看到，最大限度的壓縮可以將模型體積縮小為原來的 1/510。筆者所在團隊曾使用 32bit 的 SqueezeNet 和 GoogLeNet v1 分別對 1000 張圖片進行預測，SqueezeNet 的精確度略差於 GoogLeNet v1。SqueezeNet 針對 FPGA 設計的模型對行動端嵌入式平台非常友善，具有極小的模型體積和簡化的結構，這也是工程師們選擇 SqueezeNet 的重要原因。

4.6 輕量高性能的 MobileNet

MobileNet 由 Google 團隊發佈，該模型主要被用於移動和嵌入式設備的電腦視覺應用。其特點是使用了深度可分離卷積結構。與其他常見的模型相比，MobileNet 在行動端有非常好的性能表現。MobileNet 也能產生較小的網路結構和模型體積，但它的重點還是性能最佳化。我們團隊在目標檢測、細微性分類、人臉特徵讀取以及地理定位等場景驗證了 MobileNet 的有效性。

4.6.1 什麼是深度可分離卷積（Depthwise Separable Convolution）

伺服器端具有強大的運算能力，所以伺服器端的模型計算量比行動端的大很多。一個標準的伺服器端模型中的卷積一般可以像下面這樣（如圖 4-9 所示）：

- 有 N 個卷積核
- 每個卷積核的長寬都是 D_k
- 輸入有 M 個通道

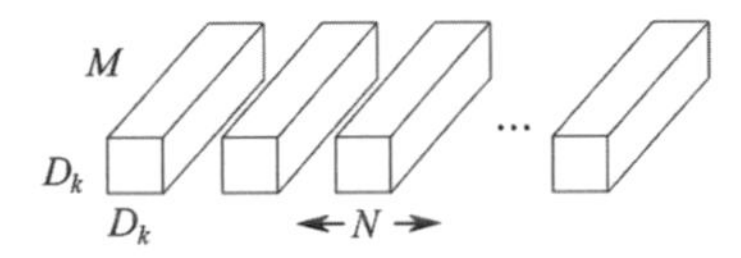

圖 4-9　伺服器端的標準卷積結構圖。N 個 D_k 卷積核對 M 個通道進行卷積

圖 4-9 中的標準卷積結構的計算量是非常大的。爲了減少計算量進而符合行動端的運算能力要求，MobileNet v1 設計者的做法是將一個標準的卷積結構拆分爲：

- 一個 Depth-wise 卷積核。可以將 Depth-wise 卷積核簡單地理解爲使用 $1\times N$ 和 $N\times 1$ 的卷積核代替 $N\times N$ 的卷積核，如圖 4-10 所示。

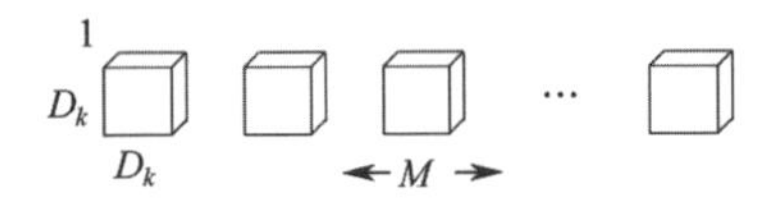

圖 4-10　Depth-wise 卷積核結構圖。每個通道和一個不同的 D_k 卷積核計算

- 一個 1×1 卷積核（Point-wise 卷積核），如圖 4-11 所示。

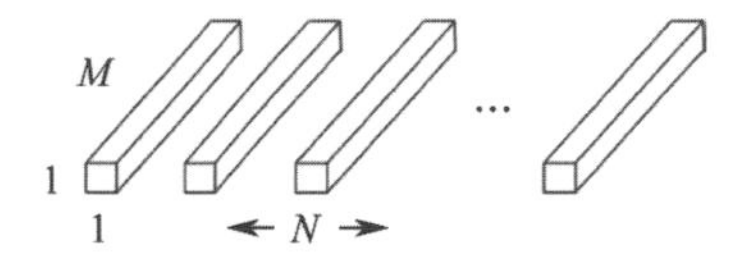

圖 4-11　1×1 卷積核結構圖。分別對 M 個通道進行 1×1 卷積核計算

我們來對比一下 MobileNet v1 的可分離卷積計算量和標準卷積計算量，這裡以一個例子進行說明，而不進行繁雜的公式推導。

假設輸入是一幅 3 通道的尺寸為 112 的圖片。輸入資料進入卷積層 conv2_1，通道數為 64，卷積核尺寸為 3×3，卷積核有 128 個，則標準卷積計算量為：

$$3\times3\times128\times64\times112\times112=924\ 844\ 032$$

將標準卷積結構替換為可分離卷積結構，則計算量為：

$$3\times3\times64\times112\times112+128\times64\times112\times112=109\ 985\ 792$$

二者的比值為：

$$\frac{924\ 844\ 032}{109\ 985\ 792}\approx8.408759124$$

從以上例子可以看到，標準卷積結構的計算量是可分離卷積結構計算量的 8.4 倍以上。不難看出，使用可分離卷積結構的確能大幅減少運算量。

4.6.2 MobileNet v1 網路結構

基於深度可分離卷積的 MobileNet v1 是一個共有 28 層的網路結構，每層後面會連接一個 BatchNorm（BN）和 ReLU，第一層為標準卷積層。標準卷積結構和 Depth-wise 卷積結構的對比如圖 4-12 所示。

圖 4-13 列出了 MobileNet v1 的所有層，MobileNet v1 是一個無分支的直桶結構，沒有殘差、遞迴等複雜結構。

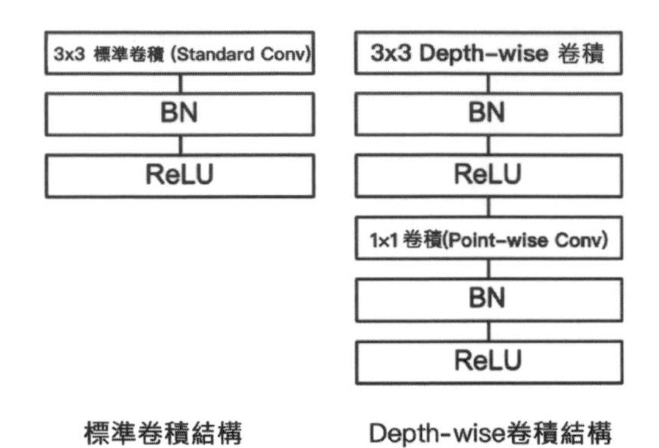

圖 4-12　標準卷積（左圖）和 Depth-wise 卷積（右圖）結構對比圖

運算子/間隔	卷積形狀	輸入尺寸
Conv / s2	$3 \times 3 \times 3 \times 32$	$224 \times 224 \times 3$
Conv dw / s1	$3 \times 3 \times 32$ dw	$112 \times 112 \times 32$
Conv / s1	$1 \times 1 \times 32 \times 64$	$112 \times 112 \times 32$
Conv dw / s2	$3 \times 3 \times 64$ dw	$112 \times 112 \times 64$
Conv / s1	$1 \times 1 \times 64 \times 128$	$56 \times 56 \times 64$
Conv dw / s1	$3 \times 3 \times 128$ dw	$56 \times 56 \times 128$
Conv / s1	$1 \times 1 \times 128 \times 128$	$56 \times 56 \times 128$
Conv dw / s2	$3 \times 3 \times 128$ dw	$56 \times 56 \times 128$
Conv / s1	$1 \times 1 \times 128 \times 256$	$28 \times 28 \times 128$
Conv dw / s1	$3 \times 3 \times 256$ dw	$28 \times 28 \times 256$
Conv / s1	$1 \times 1 \times 256 \times 256$	$28 \times 28 \times 256$
Conv dw / s2	$3 \times 3 \times 256$ dw	$28 \times 28 \times 256$
Conv / s1	$1 \times 1 \times 256 \times 512$	$14 \times 14 \times 256$
5× Conv dw / s1 Conv / s1	$3 \times 3 \times 512$ dw $1 \times 1 \times 512 \times 512$	$14 \times 14 \times 512$ $14 \times 14 \times 512$
Conv dw / s2	$3 \times 3 \times 512$ dw	$14 \times 14 \times 512$
Conv / s1	$1 \times 1 \times 512 \times 1024$	$7 \times 7 \times 512$
Conv dw / s2	$3 \times 3 \times 1024$ dw	$7 \times 7 \times 1024$
Conv / s1	$1 \times 1 \times 1024 \times 1024$	$7 \times 7 \times 1024$
Avg Pool / s1	Pool 7×7	$7 \times 7 \times 1024$
FC / s1	1024×1000	$1 \times 1 \times 1024$
Softmax / s1	Classifier	$1 \times 1 \times 1000$

圖 4-13　MobileNet v1 的模型結構

從圖 4-13 中可以看到，最後一層是 Softmax，它僅僅是一個分類器。那麼想用 MobileNet v1 進行主體檢測（檢測主體的位置和大小，而不是檢測主體是什麼）時，就要對網路結構做一些針對性的修改。一般常見的做法是去掉 Softmax 層，加一個可以做主體檢測的頭部，再輸出到類似 VGG-SSD 的主體檢測結構中，這樣就可以得到主體檢測的輸出資料。

4.6.3 MobileNet v2 網路結構

2018 年 4 月 2 日，Google 發佈了 MobileNet v1 的升級版 MobileNet v2，MobileNet v2 的網路結構沿用了 MobileNet v1 中的 Depth-wise 卷積和 1 × 1 卷積（Point-wise Conv）組合的方式來讀取特徵。相對於 MobileNet v1 的網路結構，MobileNet v2 最主要的升級有兩個：Inverted Residual Block 和 Linear Bottleneck，分別介紹如下：

Inverted Residual Block

MobileNet v1 借鑒了 Xception 網路，使用了深度可分離卷積（Depthwise Seperable Convolution）結構。2018 年以來 ResNet 和 DenseNet 等帶有旁路分支的殘差網路結構得到了較多的關注，這些殘差網路結構在重複使用圖片特徵和操作融合方面都有著巧妙的設計。MobileNet v2 也吸收了 ResNet 和 DenseNet 等網路結構的優點。

MobileNet v2 借鑒了 ResNet 中的結構。從圖 4-14 的上圖可以看到，ResNet 中的這個結構先經過 1×1 卷積將輸入降維壓縮爲原來的 1/4，再經過 3×3 標準卷積讀取特徵，這個小型結構被稱爲 Residual Block。MobileNet v2 對其做了一定的改善：先進行升維擴張，再讀取特徵（如圖 4-14 的下圖所示），由於升維擴張後的通道數量增加，所以可以獲得更多的特徵，對辨識精確度有較好的提升。正是因爲 MobileNet v2 對 ResNet 的 Residual Block 結構調整了順序，所以筆者稱其爲 Inverted Residual Block。ResNet 的 Residual Block 結構是一個錐形，MobileNet v2 的 Inverted Residual Block 則是兩邊小中間大的形狀。

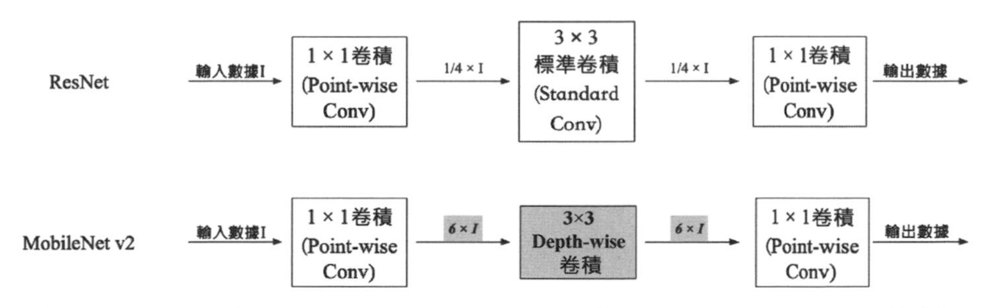

圖 4-14　ResNet 的 Residual Block 和 MobileNet v2 的 Inverted Residual Block 對比圖

Linear Bottleneck

MobileNet v2 相對於 MobileNet v1 的另一個改進處是 Linear Bottleneck。MobileNet v2 在 Depth-wise 前加了一個 Point-wise 擴張通道，隨後在 Linear Bottleneck 輸出節點上使用了線性輸出。在高維度空間內使用非線性啓動函數可以有效提升效果，而在 MobileNet 這種低維度空間內使用非線性啓動函數，不但沒有好的效果提升，反而會破壞僅有的少量特徵，所以在 Linear Bottleneck 這裡使用了線性啓動函數，而不再使用 MobileNet v1 中的 ReLU6 作爲啓動函數，這樣能防止低維度資料被 ReLU6 過濾掉，破壞特徵。圖 4-15 展示了 MobileNet v1 和 MobileNet v2 關於使用 Linear Bottleneck 的對比。

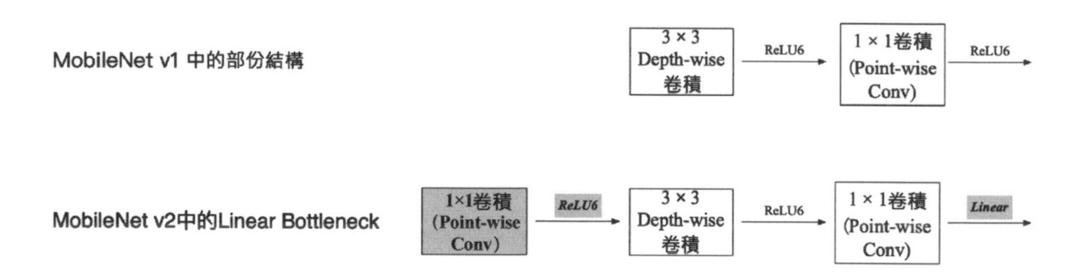

圖 4-15　MobileNet 兩個版本關於使用 Linear Bottleneck 的區別

到這裡我們介紹了幾種典型的行動端神經網路模型，隨著行動端設備運算能力的增強，也陸續出現出了一些適合行動端執行的模型。除了 MobileNet 和 SqueezeNet 等網路，還出現了效果較好的 ShuffleNet 等網路模型，它們都更適合行動裝置。這些網路結構的最佳化方向也是我們需要關注的重點，接下來就看一下行動端神經網路模型最佳化的主要方向。

4.7　行動端神經網路模型的最佳化方向

最佳化行動端神經網路模型時，需要在儘量保持精確度的前提下著重在兩個方向：模型體積壓縮和運算量降低。這兩個方向在實際最佳化過程中高度重合，經常出現的情況是，體積壓縮後，運算量也降低了。

模型體積壓縮的核心思路就是減少參數量和適當改變參數的資料類型。減少參數量的方法之一是裁剪，可以將神經網路視爲由多個邊將多個節點連接起來的網路，每條邊就是一個參數。如果某些邊的作用很小，就可以刪除這些邊。裁剪的方式執行起來比較簡單，對參數量的控制也很有效。

深度神經網路模型的參數大多是以浮點數儲存的，常見的是 32 位元長度的 float 類型。在整個網路中，一些參數並不需要 32 位元 float 類型這麼高的精確度，可以將這部分參數轉化爲 8 位元的 int 類型，這樣一來，理論上就直接減少了四分之三的佔用空間。這種最佳化方式稱爲量化。由於體積減小，更多的資料可以加入單晶片的快取中，進而讓速度最佳化變得更得心應手。量化技術是模型最佳化最常用的方法之一。

另外，還有一種最佳化端側模型的方法：模型的權重都用一個二進位數字表示，這種用二進位數字來表達神經網路模型參數值的方式稱爲二進制神經網路。相對於 32 位元 float 模型，二進制神經網路相當於從 32 位元的儲存消耗直接降爲 1 個 bit 的消耗，模型體積的壓縮比非常可觀。

以上這些模型最佳化方法都需要伺服器端訓練框架的支援，只有伺服器端和行動端配合最佳化才能達到理想效果。一些方法在論文中的資料很樂觀，但是在實際應用時仍然有很多工作要做。將好的想法轉化爲產品級的應用，這中間有很長的路要走，精確度、模型體積、運算速度等問題隨時可能困擾著我們。

參考資料

[1] 連結 12

[2] 連結 13

[3] 連結 14

CHAPTER

5 ARM CPU 組成

現代電腦的基本組成很早就被定義好了。20 世紀 40 年代，馮紐曼結構在《EDVAC 報告書的第一份草案》（First Draft of a Report on the EDVAC）中提出，大部分電腦結構都使用了馮紐曼結構。今天，在行動端單晶片系統深入使用的結構叫哈佛結構，其核心理念與馮紐曼結構相似，是它的一個升級版。同時，行動裝置已經將電腦中的 CPU、GPU、記憶體整合到一塊指甲蓋大小的晶片上，這種單晶片系統被稱爲 SoC（System on a Chip）。在開發行動端深度學習框架時，理解行動端 SoC 結構非常重要，這樣才能合理運用提升 CPU 性能的各種方法。本章將從早期結構開始講，並介紹當下的行動計算裝置內部結構，讀者在重點瞭解 CPU 內部結構的同時，也可以學習一些組語指令的寫法。本章知識是從技術的應用層面過渡到嵌入式高性能計算的基礎。

5.1 現代電腦與 ARM CPU 架構的現況

5.1.1 馮紐曼電腦的基本結構

1946 年 2 月 14 日，體積巨大的 ENIAC（電子數位積分電腦）在賓夕法尼亞大學製作完成。作爲第一台通用電腦，這個龐然大物的佔地面積達 170 平方米，每秒可以完成 5000 次的加法運算，需要大量的開關和連線來控制程式，功率爲 150 千瓦。

《EDVAC 報告書的第一份草案》是由馮·紐曼撰寫的共 101 頁的報告，該報告論述了兩個重要設計思想：

- 執行在電腦裡的程式應該是儲存好的，而不是由開關和連線來控制的。

- 電腦應該使用由開和關兩個狀態表示的二進位，而不是十進位，因為十進位的電腦設計將十分複雜。

除此之外，這份報告還將電腦的結構明確地劃分為如下 5 個部分：

- 控制器 CC（Central Control）：控制器主導整個 CPU 的執行過程，負責從記憶體中取出指令，並存放到指令暫存器。控制器取到指令後就會將程式設計師編寫的文字指令「翻譯」成控制電路能理解的指令，然後執行。程式執行期間，CPU 需要不斷地知道下一條指令的內容才能繼續進行，這就要依賴控制器提取下一條指令。
- 運算器 CA（Central Arithmetical）：運算器是用來做加減乘除和邏輯運算的部分。運算器的核心單元是 ALU（算數邏輯單位），它負責對暫存器內的資料做運算，然後將運算結果儲存到暫存器中。
- 記憶體 M（Memory）：CPU 運轉直接讀寫的兩類記憶體是電腦主記憶體和 CPU 晶片上的快取（也叫緩衝區），有時存取記憶體比存取快取慢上百倍，在行動端最佳化性能的一個關鍵點就是利用好快取，在第 7 章還會有相對應的介紹。
- 輸入裝置 I（Input）：CPU 計算的所有資料都來自輸入裝置，如鍵盤、觸控板、智慧手機的觸控式螢幕。一般情況下，輸入環節是程式執行或者啟動的入口。
- 輸出設備 O（Output）：用於接收電腦資料的輸出顯示、列印、聲音、控制週邊設備操作等資訊，常見的輸出設備有顯示器、印表機等。考慮智慧手機，它的觸控式螢幕不但可以輸入資訊，還可以輸出圖像信號，所以它既是輸入裝置，又是輸出設備。

圖 5-1 所示為馮紐曼結構的電腦簡化圖。資料從輸入裝置輸入進來（有時這一過程還要經過 CPU，但是為了簡化，圖中沒標明這一點），主記憶體（記憶體）中存放著程式指令和資料，CPU 執行時會不停地從記憶體讀取已經準備好的指令和資料。

雖然晶片的複雜度在不斷增加，但是電腦的設計一直沿用了這 5 個組成部分的方案，而且今天的行動端設備依然包含這 5 個組成部分，只不過表現形式有所變化，比如行動端設備越來越強調將更多的功能融合進單一晶片內。

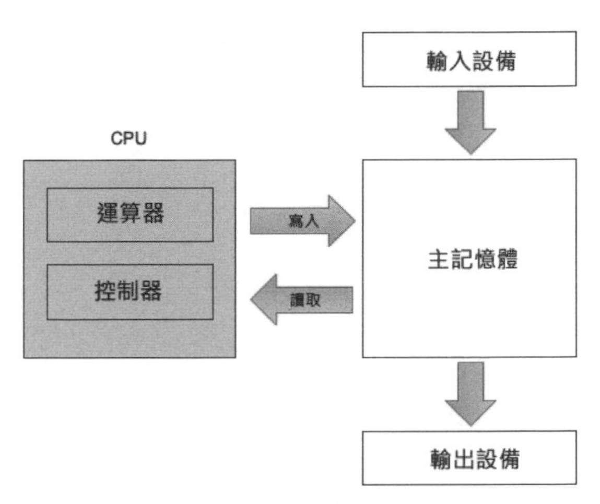

圖 5-1　馮紐曼結構電腦簡化圖

現代電腦（包括手機等行動裝置）的 CPU 內都含有運算器和控制器，透過和記憶體互動來達到執行程式的目的。在輸入過程中取得資料，然後計算，最後得到輸出資料。

當程式執行時，需要爲 CPU 提供編寫好的指令，告訴 CPU 接下來做什麼，CPU 拿到指令以後會進行資料運算。不管是資料還是程式指令，都會以二進位編碼的形式存放在記憶體中。爲了找到這些資料或指令，需要給它們的存放位置標記「門牌號碼」，這個「門牌號碼」就是它們在記憶體內的位址。

5.1.2　行動計算裝置的分工

如果圖 5-1 中的各個部分只是一個個簡單的零件，看起來並不複雜。但實際上，個人電腦的主機板是很複雜的，除了這幾個基本部分，電腦主機板上還加入了南橋晶片和北橋晶片。在多次升級反覆運算後，個人電腦主機板上的南北橋結構變成了合併後的南橋晶片（如圖 5-2 所示）。

雖然個人電腦主機板的體積在迅速發展中已經減小很多，但是對於嵌入式設備來說仍然不夠小。主機板變小這個趨勢在嵌入式系統整合晶片上表現得更徹底，嵌入式主機板取消了南北橋結構，進一步將大量的硬體控制器直接整合到核心，原來的 CPU 擴充得更加複雜，整合度也更高，這時的 CPU 已經和早期的 CPU 概念不同，演變爲了前面提到過的 SoC（System on a Chip），如圖 5-3 所示是一塊嵌入式晶片的結構，該晶片只有指甲片大小。

圖 5-2　個人電腦主機板，南北橋晶片被合併爲南橋晶片

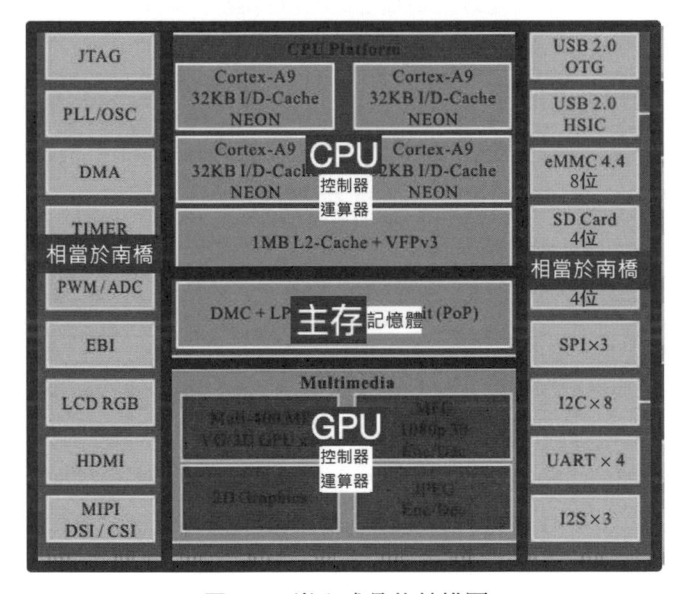

圖 5-3　嵌入式晶片結構圖

如果延用馮紐曼電腦結構進行設計，那麼還要考慮另一件事：記憶體中存放的指令怎麼寫才能讓機器正確辨識出來？換句話說，軟體和硬體在設計過程中如何協作才能保證 CPU 正常執行？接下來我們將聚焦最核心的零件 CPU，看看它是如何執行的，CPU 指令是以什麼格式編寫的。

5.2 簡單的 CPU 模型

從圖 5-1 可以看到，CPU 需要不斷地從記憶體中讀取資料和指令，以確保程式持續運作。獲取資料和指令是透過資料匯流排進行的。我們將一條指令的完整執行過程拆分爲讀取、解碼、執行、寫入 4 個步驟，以簡單通俗的語言來描述整合後的過程就是：CPU 到記憶體中讀取指令，接著翻譯成邏輯電路信號，執行之後再寫回到記憶體。瞭解 CPU 的整體運轉過程對於理解行動端晶片運作的基本過程很有幫助。接下來透過一個例子來介紹這些步驟。

假設 CPU 要計算的結果，和分別是 ALU 運算器的輸入，儲存在兩個暫存器內。相對應的讀取、解碼、執行、寫入過程如下。

5.2.1 讀取過程

讀取過程如圖 5-4 所示，其中黑色網底部分是讀取過程涉及的重點部份。

首先，由控制器的控制電路向記憶體發出信號，通知記憶體中的控制器：接下來 CPU 會從指定的記憶體位址中讀取數據（讀和寫的信號是不同的，這是爲了便於記憶體控制器區分這兩種操作）。

接下來，CPU 會將位址發送到位址匯流排上，進而傳輸給記憶體。可能有人會問，CPU 發出的這條地址是從哪裡來的？在電腦開機的瞬間，便會有第一條指令從 Flash 中被取出並執行，這條指令和個人電腦上的 BIOS 程式類似。然後指令會被一條一條地讀取並發送給 CPU，CPU 將一直處於運作狀態，依序向下執行（爲了便於理解，這裡先不考慮其他情況）。

假設現在程式計數器（Program Counter，PC）中已經有了下一條指令的位址，程式計數器會將這個位址透過內部匯流排傳輸給 MAR（記憶體位址暫存器），隨後 MAR 中的位址會被發送到記憶體中，用於找到指令內容。記憶體接到位址匯流排傳來的位址後，會由內部控制器返回資料，並經由資料匯流排發送給 CPU。返回的資料存放在 MDR（記憶體資料暫存器）中。

隨後 MDR 經過 CPU 內部匯流排將指令內容的數據傳給 IR（指令暫存器），最後將程式計數器中的位址更新爲記憶體中下一條指令的位址。這樣就完成了一次讀取指令操作。

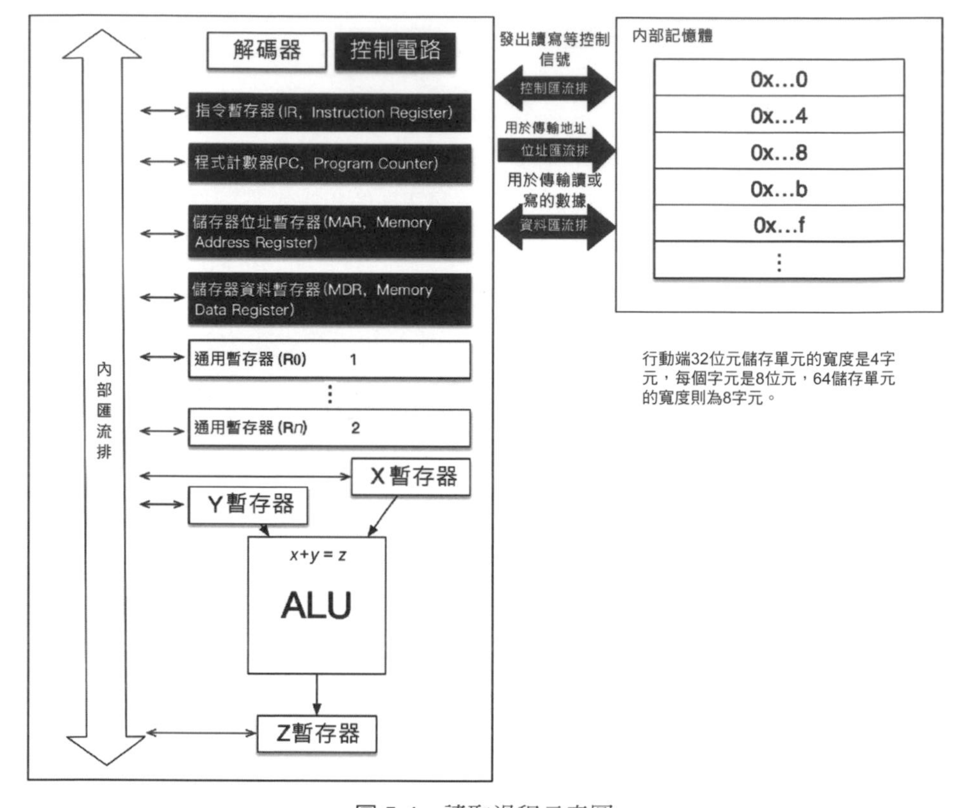

圖 5-4　讀取過程示意圖

這當中還會牽涉快取，後面會提到。大致上讀取過程就是，控制器發出信號，將記憶體中的指令分階段複製到 IR 並更新程式計數器中的指令位址。目的是將指令取回，爲下一步的解碼階段做好準備。

圖 5-4 以簡單的模型展示了讀取指令的過程，這樣的整體結構同樣適用於現代行動裝置晶片。

5.2.2　解碼過程

指令的解碼過程相對簡單。讀取指令後，現在的指令內容已經在 IR（指令暫存器）中。接下來 CPU 會將 IR 中的數據傳給解碼器，解碼器理解了指令的含義後發現這是一條加法指令，隨後控制電路會根據指令含意產生出控制信號，進而控制相關元件進行運算，至此解碼過程全部完成，所涉及的元件如圖 5-5

中黑色網底部分所示。在 CPU 執行中，解碼階段的效率非常高，往往不構成計算的瓶頸。

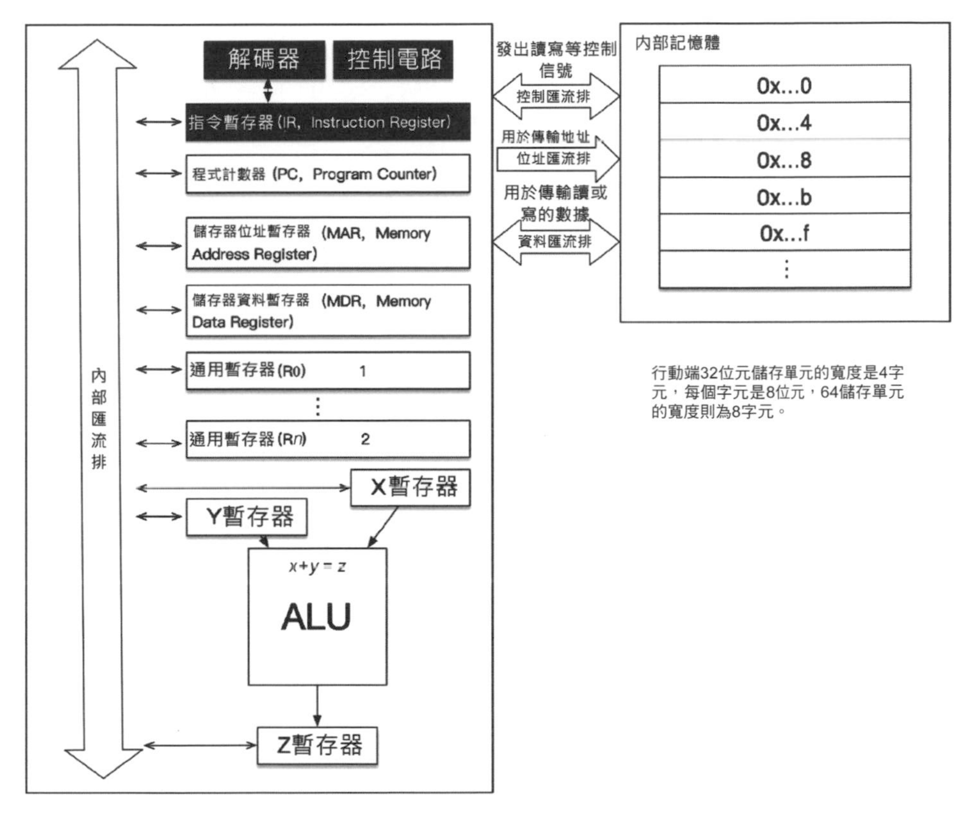

圖 5-5　解碼過程示意圖

5.2.3　執行過程

前面假設兩個運算元和已經分別提前放入兩個通用暫存器中，CPU 執行計算時會先將兩個通用暫存器 R0 和 Rn 的資料移到 X 暫存器和 Y 暫存器內，這樣 X 暫存器和 Y 暫存器的值將變為 1 和 2。接下來運算器 ALU 將 X 暫存器和 Y 暫存器內的運算元作為輸入，計算，將計算結果 3 存入 Z 暫存器。

到這裡就完成了最基本的加法指令執行過程，這個過程用到了前面的假設，即 1 和 2 兩個運算元已經提前放在通用暫存器內了。在實務上，運算元有可能在記憶體裡或者快取中，如果是那樣，就需要 CPU 先去其他存放裝置中讀取運算元，再放到通用暫存器內等待計算。圖 5-6 中黑色網底部分是參與執行過程的元件，核心計算功能由 ALU 完成並輸出到 Z 暫存器。

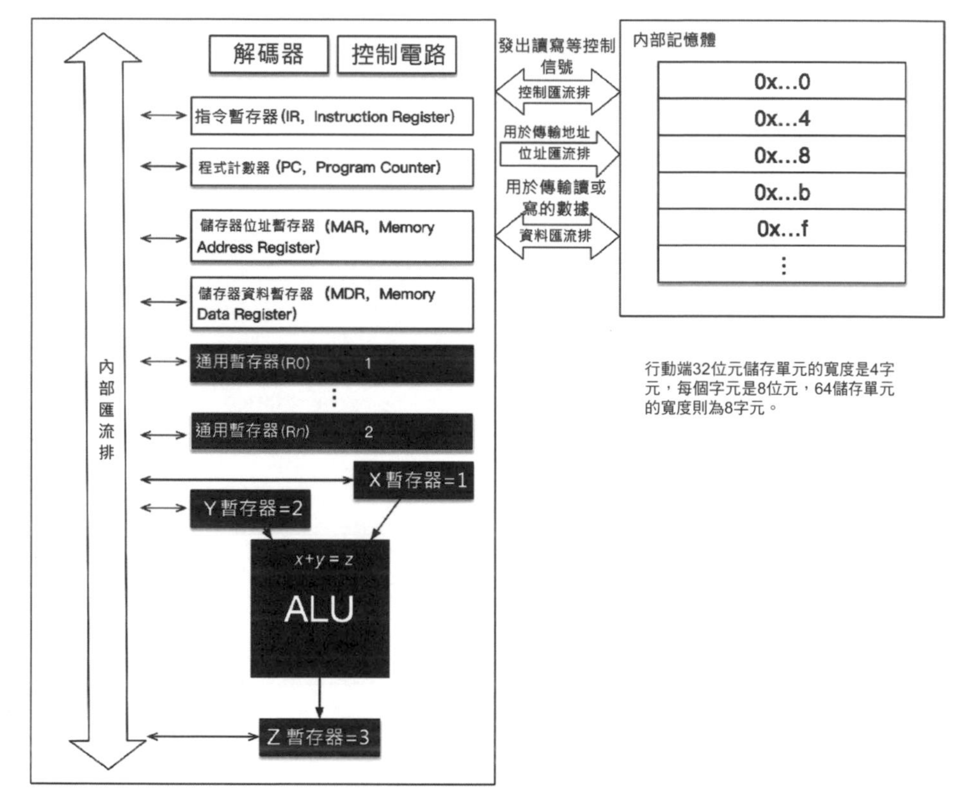

圖 5-6　執行過程示意圖

5.2.4　寫入過程

經過執行過程後，CPU 已經透過計算得出結果，結果資料會寫到暫存器中。需要說明的是，在精簡指令集的體系中，結果資料只能直接寫回暫存器，如果想寫到記憶體中，則需要再用一條 store 指令單獨操作，這符合典型的精簡指令集電腦（Reduced Instruction Set Computer，RISC）的指令集特性。在常見的 ARM 架構的手機中，執行的組合語言程式要將暫存器中的結果資料寫回記憶體，同樣需要以一條單獨的 store 指令進行儲存（暫時不考慮發射多條指令的情況），不能和其他指令合併操作。而複雜指令集電腦（Complex Instruction Set Computer，CISC）則可以在一條指令內完成存取和計算等多個操作。

5.3.1 節將要講到的組合語言程式也屬於精簡指令集，指令集中的每條指令所做的事情非常簡單，例如加法、從記憶體讀取資料或寫入資料這種單一操作，對於「從某位址讀取資料，然後和某個數位相加」這樣的複雜操作，就需要將「讀取資料」和「進行加法」放到兩條不同的指令中執行。與之相比，x86 平台的一條指令就像一本「長篇小說」。

5.2.5　細化分工：管線技術

如果我們將 5.2.1 節至 5.2.4 節的幾個步驟分開執行，那麼上一條指令進入解碼階段時，就可以開始對下一條指令讀取。這樣管線式地執行，便可以以更高的效率發射四條指令。如果將指令的執行過程劃分為更細的步驟並管線式地執行，效率就會更高。

5.3　組語指令初探

CPU 的運作過程就是 CPU 內部元件不斷操作暫存器的過程。5.2 節中的範例展示的是加法運算的執行過程，它反映了一個簡化版的 CPU 模型。基於對硬體結構的理解，我們一起看一下如何編寫程式並使其在硬體上執行。與硬體關係最緊密的語言是機器語言，其次是組合語言。本節將介紹 5.2 節中的範例如何以組合語言的形式編寫。

5.3.1　組合語言程式的第一行

下面這一條組語指令是 5.2 節中的程式碼實際樣本，這是一條內嵌在 C 語言或者 C++ 語言中的 ARM 組合語言程式。asm 關鍵字告訴編譯器「以下內容屬於原生組語指令」，add 是加法指令關鍵字，暫存器用於存放計算結果，R1 和 R2 暫存器分別對應下面程式碼中的 r1 和 r2。

```
asm("add r0,r1,r2"); /* r1+r2 = r0 */
```

如果處理的是一般的任務，那麼只使用 C 或者 C++ 語言進行開發就能保證足夠高的性能了。而在處理深度學習等計算壓力較大的任務時，就要使用組合語言進行最佳化，以取得更好的性能效益。如果完全透過組語指令實作，又會過於複雜，所以一般會使用 C 語言或 C++ 語言行內組語的方式。需要注意的是，行內組語的語法格式與編譯器直接相關，對於不同的編譯器，行內組語的寫法是不相同的。下面以5.2節中的示例爲例介紹在ARM體系結構下GCC的行內組語，格式如下，大家對該格式有一個大概的認識即可：

```
asm(
     程式碼1
     程式碼2
     …

     : 輸出列表
     : 輸入列表
     : 被更改列表
);
```

接下來逐步講解如何使用組語指令編寫程式碼。組語指令不要求換行，但是爲了保持良好的可讀性，習慣上會讓一條指令佔用一行，內聯組合語言程式與純組合語言程式的格式一樣。下面程式碼嘗試將兩個立即數放到暫存器r1和r2中，隨後將r1和r2相加的結果輸出到var變數。

```
#include <stdio.h>

int main(void) {
    int var = 0; // 初始化 var 變數

    asm(
    "mov r1,#1\n\t" // mov指令將立即數1放到r1暫存器中
    "mov r2,#2\n\t" // mov指令將立即數2放到r2暫存器中
    "add %[result],r1,r2\n\t" /* add指令將r1和r2中的值相加，result是結果變數，它是var變數的別名，程式執行到這會將result賦值給var*/
    :[result]"=r"(var) // 聲明輸出result來自var
    : // 沒有輸入
    : // 沒有更改聲明
    );

    printf("1 + 2 = %d \n", var); // 列印結果

    return 0;
}
```

以上程式碼可以在安裝 CMake 和 NDK 後自行編譯。由於 bash 腳本可以很方便地執行程式碼程式，所以筆者使用了 bash shell 作爲編譯腳本。執行 sh build.sh 之後就可以完成編譯。

```
▶ sh build.sh
/usr/local/android-ndk-r17-beta2
filename:chapter5-arm_instructions
complie complete!
-- Configuring done
-- Generating done
-- Build files have been written to: /Users/allonli/Documents/
workspace/c/arm/build/release/arm-v7a
Scanning dependencies of target chapter5-arm_instructions
[ 50%] Building CXX object CMakeFiles/chapter5-arm_instructions.dir/
src/chapter5-arm_instructions.cc.o
[100%] Linking CXX executable chapter5-arm_instructions
[100%] Built target chapter5-arm_instructions
```

這時可以看到可執行檔 chapter5-arm_instructions 已經被編譯好。以 Android 手機爲例，將 build 目錄下編譯好的 chapter5-arm_instructions 推送到手機端，程式碼如下所示。

```
adb push chapter5-arm_instructions /data/local/tmp/
```

然後連接手機 USB 介面進行試試，adb shell 命令可以進入手機的 shell 環境，再執行剛剛推送到手機的可執行檔，就可以看到編譯後得到的可執行程式計算 1+2=3 的過程。

```
▶ adb shell
PAFM00:/
PAFM00:/ $ cd /data/local/tmp
PAFM00:/data/local/tmp $ ./chapter5-arm_instructions
1 + 2 = 3
```

當看到正確的輸出時，就代表已經完整地執行了一次行內組語程式碼。不過這只能算一次局部性的瞭解，全部的組合語言知識還是比較複雜的，很難在短時間內掌握各種指令集。好消息是，深度學習技術所用到的組語指令只佔組合語言知識總量的很少一部分，只要學會高性能計算相關的指令即可。接下來看一下 ARM 組合語言知識。

5.3.2 這些指令是什麼

實際在CPU元件上運作的是機器語言指令。組語指令和功能變數名稱類似，只能發揮幫助記憶的作用。組合語言按CPU運作的規則編寫，而C和C++語言則兼顧了人類的理解方式。於是當我們編寫完C或C++程式後，想要執行就得先轉換成組語指令，再轉換爲機器語言指令，最後才能在CPU上執行，如圖5-7所示。

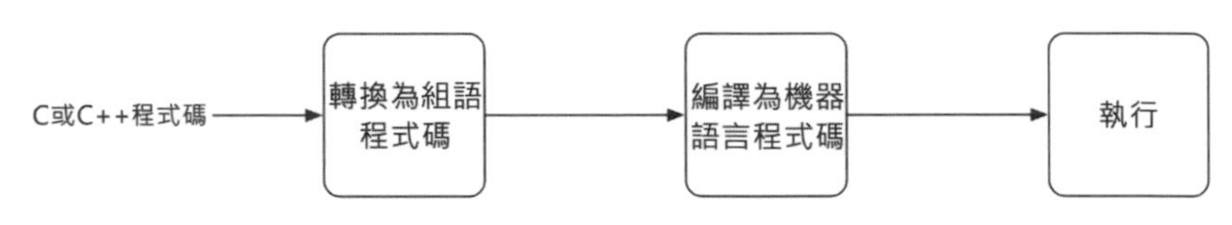

圖 5-7　程式碼的轉換和執行

精簡指令集的指令簡明扼要，但是每條指令能做的事情也變得單一。這就導致相同的功能要寫更多的組合語言程式碼。精簡指令集的種類比較多，早期由MIPS指令集主導，現在後起之秀ARM成爲關鍵角色。

ARM（Advanced RISC Machine）架構是一個典型的精簡指令集（RISC）處理器架構，今天的手機晶片大多整合了ARM架構的處理器。低功率消耗的特點使得ARM架構不僅在手機端獲得了極大的成功，也在各種其他行動裝置端及IoT領域被廣泛應用，甚至還被應用在了筆記型電腦中。2016年7月18日，日本軟銀集團斥資311億美元收購了設計ARM的ARM Holdings公司（一般簡稱ARM公司）。根據ARM公司之前提供的資料，從1991年至2016年的26年間，他們共產出了1000億顆基於ARM架構的晶片；從2017年到2020年，ARM希望推動合作廠商在4年內生產1000億顆基於ARM架構的晶片；到2035年左右，希望製造一兆台基於ARM技術的聯網設備。

不管未來ARM架構走向何方，下面幾個重要的技術都必然會成爲未來之星：

- 在移動晶片上廣泛應用的AI技術
- 正在加速推廣的IPv6技術
- 開始走進千家萬戶的IoT設備背後的技術
- 正在到來的5G技術

這些技術都需要移動晶片加持，只要程式師從底層技術到頂層技術都進行全面理解，就可以在風起雲湧的 IT 大浪中成為頂尖高手。更加深刻地理解體系結構、組合語言知識，能為異質運算打下良好基礎。

5.4　組語指令概況

ARM 晶片針對不同應用領域提供了不同的架構方案，從程式師的角度來看，不同方案之間的差異表現在指令集合的差別上。在不同的 ARM 晶片上，組合語言程式設計的方式並不相同，各架構方案針對不同種類的應用場景提供了不同的指令集合。

為了方便理解，我們先看一下 ARM CPU 的家族包括哪些系列。

5.4.1　ARM CPU 家族

ARM CPU 家族包括如下系列，其中需要記住的有三個，分別是 Cortex-A 系列、Cortex-R 系列和 Cortex-M 系列。

- Cortex-A 系列，主要是負責應用的處理器。Cortex-A 系列含有整數運算的指令集架構和浮點數運算的指令集架構，並且支援單指令多資料流程高性能計算指令，Cortex-A 系列是 ARM 家族中最豐富的指令集。因為 Cortex-A 系列在手機端開發領域被廣泛使用，所以從事手機端高性能研發的讀者需要重點關注該系列。ARMv7-A 是指令集為 32 位元的 Cortex-A 架構，ARMv8-A 是對 ARMv7-A 的擴充，現在使用 ARM 架構的手機大多使用的是 64 位的 ARMv8-A 架構，如 Cortex-A57、Cortex-A53 以及新發佈的 Cortex-A76 架構。同時，ARM 公司也在不斷地擴充 ARMv8-A 指令架構，先後發佈了 ARMv8.1、ARMv8.2、ARMv8.4 和 ARMv8.5。Android 手機場景多應用了 Cortex-A 系列，其中總持有量較大的是 A53 及以上的設備。
- Cortex-R 系列，是 ARM 家族中體積最小的處理器。Cortex-R 系列處理器主要用於對即時性要求較高的硬體平台，比如硬碟、各類控制器等。Cortex-R 系列處理器支援 ARM、Thumb 和 Thumb-2 指令集。

- Cortex-M 系列，主要是針對超低功耗和核心最小面積進行設計的，所以目前 Cortex-M 系列的即時操作系統 RTOS 僅支援 32 位元 Thumb 的指令集。ARM Cortex-M 系列使用 Thumb-2 指令集，這樣可以減少一定的指令代碼量，接著減少記憶體需求，進而就可以更加高效地利用快取。Thumb-2 指令集相容 16 位元的 Thumb 指令。
- 早期處理器 SecurCore 系列，從名字不難看出，它們是提供安全解決方案的架構。SecurCore 架構是一個針對安全的解決方案，早期處理器 SecurCore 被用在少量單晶片機器中。
- 早期的 ARM 晶片，版本號比較簡單，如圖 5-8 中最下面一欄所示。
- ARM 機器學習晶片，值得一提的是，2017 年年底，ARM 公司公佈了 ARM 機器學習晶片的設計方案（本書寫作時還未上市，所以未展現在圖 5-8 中）。該架構是專門針對神經網路定制的，有 MAC Convolution Engine（卷積計算引擎）。

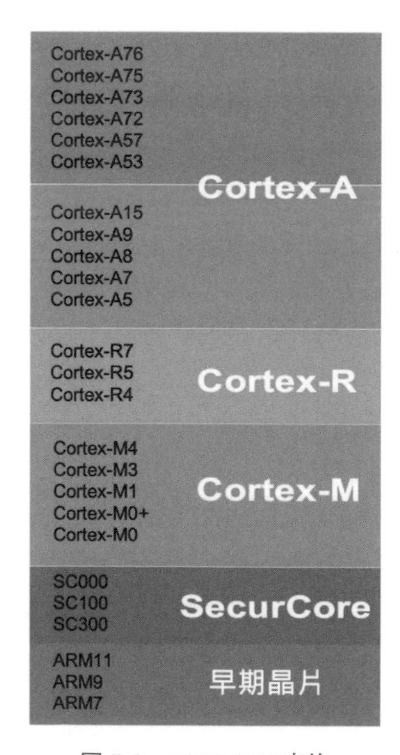

圖 5-8　ARM CPU 家族

5.4.2 ARMv7-A 處理器架構

在 ARM CPU 運作過程中，控制器不間斷地將資料儲存在暫存器內，運算器從暫存器內取得資料並計算出結果。暫存器用於暫時儲存資料。

Cortex-A 系列最初的 ARM 指令集僅有 32 位元，ARMv7-A 就是其中一個歷經多代升級後的 32 位元架構。後來誕生了 64 位元的 ARMv8-A。

ARMv7-A 處理器共有 37 個 32 位元暫存器，其中 31 個爲通用暫存器，包括不分組暫存器（R0~R7）、分組暫存器（R8~R14）和程式計數器 R15；另外 6 個爲狀態暫存器，包括程式狀態暫存器（CPSR）和程式狀態保護暫存器（SPSR）。但是這些暫存器不能隨意存取，實際上可以存取哪些暫存器，取決 ARM CPU 當前的工作狀態和運作模式，對應關係如圖 5-9 所示，各模式介紹如下。

- USR 模式：使用者模式，程式一般在該模式下執行。
- SYS 模式：系統模式，和 USR 模式幾乎等同，執行特權作業系統任務。
- SVC（Supervisor）模式：作業系統保護模式，軟中斷處理模式。
- ABT（Abort）模式：中止模式，處理記憶體故障、實現虛擬記憶體和記憶體保護。
- UND（Undefined）模式：處理未定義的指令陷阱，支援硬體輔助處理器的軟體模擬。
- IRQ 模式：普通中斷處理模式。
- FIQ（Fast Interrupt Request）模式：快速中斷處理模式。

USR	SYS	SVC	ABT	UND	IRQ	FIQ
R0						
R1						
R2						
R3						
R4						
R5						
R6						
R7						
R8						R8_fiq
R9						R9_fiq
R10						R10_fiq
R11						R11_fiq
R12						R12_fiq
R13		R13_svc	R13_abt	R13_und	R13_irq	R13_fiq
R14		R14_svc	R14_abt	R14_und	R14_irq	R14_fiq
R15						
CPSR						
		SPSR_svc	SPSR_abt	SPSR_und	SPSR_irq	SPSR_fiq

圖 5-9　ARM 暫存器及其對應的模式

除了使用者模式，其他幾種模式都屬於特權模式，特權模式下的程式可以存取所有的系統資源，也可以切換到其他模式。除了系統模式，其他幾種特權模式都屬於異常模式。普通 App 類程式大多在使用者模式下執行，在使用者模式下，程式不能存取受保護的資源，也不能進行模式切換。如果要進行處理器模式切換，那麼應用程式會產生異常。除了從模式角度來劃分，也可以根據分組情況來劃分暫存器，如圖 5-10 所示。

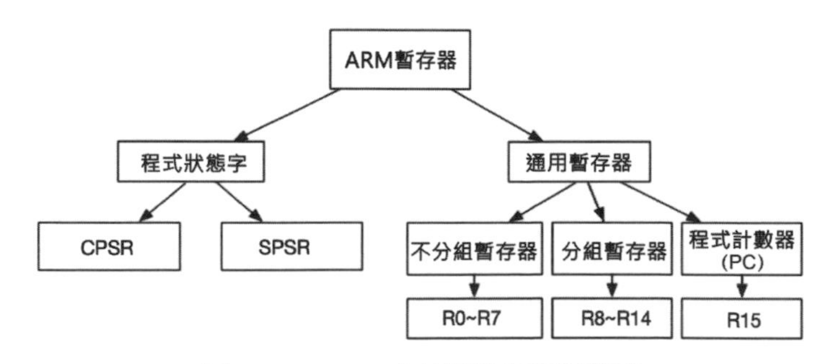

圖 5-10　ARM 處理器暫存器樹狀圖

5.4.3 ARMv7 組語指令介紹

ARM 指令集可以分爲較多種類，和行動端深度學習技術緊密聯繫的主要是向量處理指示和記憶體存取指令，因爲深度學習涉及大量的向量計算，並且需要不間斷地和記憶體交換資料。最常用的 ARM 架構單指令多資料流程技術是 NEON 技術。在 ARMv7 平台，NEON 暫存器組只有 ARMv7-A 和 ARMv7-R 可以使用。NEON 暫存器組包括 q 系列和 d 系列暫存器，是獨立於標準的 R 系列通用暫存器的。另外，在指令層面，一般向量操作指令會以字元 v 開頭。ARMv7 有 16 個 128 位元四字（word）暫存器 q0 ～ q15，可作爲 32 個 64 位元雙字暫存器 d0 ～ d31 來使用。例如，q0 暫存器也可以使用 d0 和 d1 分別存取前兩個字和後兩個字。

接下來看一段行動端深度學習框架 mobile-deep-learning 中核心演算法的組語指令，這段程式碼的任務是計算卷積過程中的矩陣乘法。其中用到的指令並不多，但是這些指令是異質運算裡最常用的，如下。

- vmov，可以將一個浮點常數放到暫存器中，也可以將一個暫存器中的值複製到另一個暫存器中。
- pld 是預載資料指令。CPU 會向記憶體系統發出信號，將資料預載入到快取上，由於快取的存取速度極快，因此在眞正用到資料時可以快速提供。
- vmla 指令用於向量的乘加，將兩個向量中的相應元素相乘，並將結果累加到目標向量的元素中。
- vld 和 vst 分別針對的是向量的讀取和儲存。讀取過程將記憶體中的資料讀進向量暫存器，儲存過程將向量寫入向量暫存器。

```
asm volatile(
    "vmov.f32    q10,     #0.0      \n\t" // 將 32 位浮點數初始化到 q10 暫存器
    "vmov.f32    q11,     #0.0      \n\t" // 將 32 位浮點數初始化到 q11 暫存器
    "vmov.f32    q12,     #0.0      \n\t" // 將 32 位浮點數初始化到 q12 暫存器
    "vmov.f32    q13,     #0.0      \n\t" // 將 32 位浮點數初始化到 q13 暫存器
    "subs        %[kc1], %[kc1], #1  \n\t" //  kc 用迴圈判斷，減 1 操作
    "blt         end_kc1_%=         \n\t" /* 判斷迴圈是否開始，如果未開始，
則判斷條件會直接跳到 end_kc1_*/
    "loop_kc1_%=:                   \n\t" // 開始迴圈
```

```
"pld        [%[B], #256]         \n\t" // 提示CPU即將有資料需要快取到
                                                              晶片上
"pld        [%[A], #256]         \n\t" // 提示CPU即將有資料需要快取到
                                                              晶片上
"vld1.32    {q0, q1}, [%[B]]!    \n\t" // 從記憶體讀取資料
"vld1.32    {q2, q3}, [%[A]]!    \n\t" // 從記憶體讀取資料
"vmla.f32   q10, q2, d0[0]       \n\t" /* d0 的第一個字和 q2 中的向量進
                                            行乘加後將結果寫入 q10*/
"vmla.f32   q11, q2, d0[1]       \n\t" /* d1 的第一個字和 q2 中的向量進
                        行乘加後將結果寫入 q11，下面幾行指令作用類似 */
"vmla.f32   q12, q2, d1[0]       \n\t"
"vmla.f32   q13, q2, d1[1]       \n\t"

"vmla.f32   q10, q3, d2[0]       \n\t"
"vmla.f32   q11, q3, d2[1]       \n\t"
"vmla.f32   q12, q3, d3[0]       \n\t"
"vmla.f32   q13, q3, d3[1]       \n\t"

"subs       %[kc1], %[kc1], #1   \n\t"
"bge        loop_kc1_%=          \n\t"
"end_kc1_%=:                     \n\t"

"subs       %[kc2], %[kc2], #1   \n\t" /* 下面指令的處理邏輯同上，處理
                                            的是 4 的餘數部分運算 */
"blt        end_kc2_%=           \n\t"
"loop_kc2_%=:                    \n\t"
"vld1.32    {q4}, [%[B]]!        \n\t"
"vld1.32    {q5}, [%[A]]!        \n\t"
"vmla.f32   q10, q5, d8[0]       \n\t"
"vmla.f32   q11, q5, d8[1]       \n\t"
"vmla.f32   q12, q5, d9[0]       \n\t"
"vmla.f32   q13, q5, d9[1]       \n\t"
"subs       %[kc2], %[kc2], #1   \n\t"
"bge        loop_kc2_%=          \n\t"
"end_kc2_%=:                     \n\t"

"vst1.32    {q10, q11}, [%[AB_]]!     \n\t" // 寫入記憶體
"vst1.32    {q12, q13}, [%[AB_]]!     \n\t"
:
:[A]"r"(A), [B]"r"(B), [kc1]"r"(kc1), [kc2]"r"(kc2), [AB_]"r"(AB_)
// 定義部分
```

```
    :"memory", "q0", "q1", "q2", "q3", "q4", "q5", "q10", "q11", "q12",
"q13" /* 定義部分 */
);
```

以上組合語言程式碼就是深度學習框架 mobile-deep-learning 計算過程的核心代碼，它負責矩陣運算的關鍵部分。如果我們熟悉基本組合語言程式，就可以輕鬆讀懂這段程式碼。其實面對看似艱深的組合語言程式，只要靜下心去分析它的整體結構和演算法，就會發現它的語法並不難。

使用行內組語代碼可以在快速開發和高性能之間取得平衡，不過也要注意使用行內組語的一些問題，例如，如果不加 volatile 關鍵字，編譯器會「最佳化」你的組合語言程式碼，導致最後生成的組合語言程式並不符合你的本意。

5.5 ARM 指令集架構

不同版本的 ARM 指令集，從 ARMv5 到 ARMv8，一直在不斷地擴充指令集合，同時也儘量保持向下相容，這樣舊的組合語言程式也能夠在新的指令集下執行，ARM 指令集版本的發展如圖 5-11 所示。

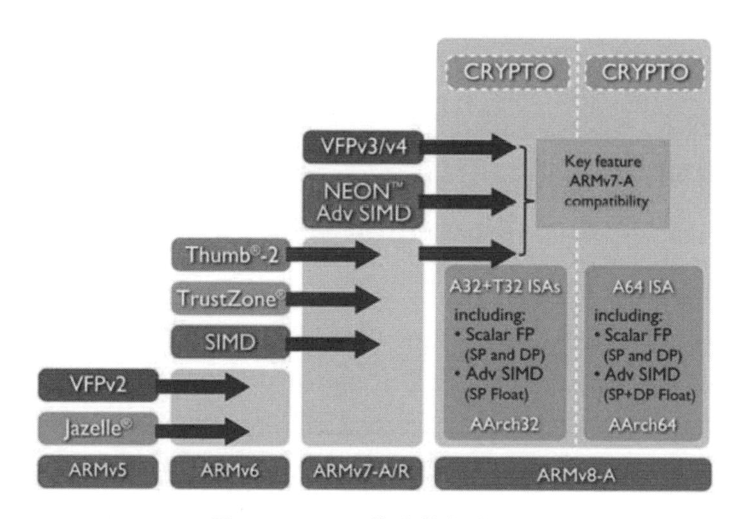

圖 5-11　ARM 指令集版本發展

在 ARMv5 中還沒有 Thumb-2 和 SIMD 等先進指令集合。ARMv5 中的 VFPv2 和 Jazelle 被 ARMv6 沿用。

在ARMv6中有Thumb指令集。第一代的Thumb程式碼緊湊、節省記憶體，但是性能有些損失；Thumb-2兼顧了程式碼緊湊性和性能。

整個ARMv6的指令集被ARMv7沿用，同時ARMv7繼續擴充。

ARMv8相對於ARMv7做了較多升級，其特點主要包括：

- 相容32位ARMv7-A。
- 64位元指令集，64位元位址，支援64位元運算元（指令長度依然為32位元）。
- 通用暫存器R系列映射到x系列和w系列（x0～x30（64位）、w0～w30（32位））。
- 減少了帶條件位元的指令數量。
- 加強了SIMD和FP指令集，支援32個128位暫存器（ARMv7是32個64位暫存器）。
- 指令集中加入了加密演算法。
- 最新體系結構完整地融入了對虛擬化的支援。
- 加入了4層異常模型。
- 支援最高48位元的虛擬位址。調整了記憶體模型，與C++ 11/C1x標準的記憶體結構更加統一。
- 一些NEON、LAPE等功能在ARMv7中需要手工開啟，而ARMv8是預設支援的。

在當前手機端的應用中，ARMv8-A架構雖然是新的方案，但是為了照顧使用ARMv7-A架構的手機，大部分App研發團隊仍然沒有在so庫中使用ARMv8-A指令集，導致無法享受到ARMv8帶來的性能優勢。為了兼顧兩方面需求，似乎可以在App中包含ARMv7和ARMv8兩種指令集的so庫：在ARMv7設備上使用32位元ARMv7 so庫；在ARMv8設備上使用64位元ARM v8 so庫。但是這樣做會讓App的so庫體積倍增，導致App過大，這對於行動端設備來說顯然是一個不好的選擇。

由於大部分研發團隊仍然僅僅使用了 ARMv7 版本的 so 庫，所以本書會使用 ARMv7 版本的組合語言程式碼作爲例子。

5.6 ARM 手機晶片的現狀與格局

ARM 晶片廣泛存在於各類嵌入式設備中，本節將重點分析手機平台中使用的 ARM 晶片。目前 ARM 晶片在手機晶片市場佔絕對主導地位，可以說我們使用的手機幾乎全部整合了 ARM 架構晶片。在手機端應用深度學習技術時，需要重點關注高通、蘋果、聯發科、華爲、三星幾家公司設計的晶片，對它們做好支援，因爲它們設計的 ARM 晶片架構已經可以包括主流機型。下面來瞭解一下這幾家公司設計的晶片。

- 高通，驍龍系列，目前 8XX 系列屬於高端的驍龍系列，6XX 系列定位於中端市場。不過高中端市場也會有交叉，並不是絕對的。在我們團隊應用深度學習技術的實踐中，驍龍晶片的主流型號都表現出了強大的運算能力，大部分型號的 CPU 和 GPU 性能都非常好。驍龍晶片被大量流行手機搭載，包括 vivo、OPPO、小米等品牌手機。

- 蘋果，蘋果手機中的晶片也都是 ARM 架構的，目前蘋果公司已經有了很強的晶片設計能力。蘋果 A 系列的 CPU 頻率並不是很高。蘋果的晶片是自產自銷的，晶片架構會直接應用在自家的蘋果手機上，所以更加注重性能的提升，而對晶片成本的考量相對少一些，使用了大的晶片面積來換取高性能和低功耗，這一點和大部分同行業公司有顯著差別。在蘋果 A10 處理器上，管線技術使用了六線程，可以同時對六條管線進行處理，同時 A10 晶片上快取達到了 2MB。透過 A10 可以看到，蘋果公司的晶片架構成本比其他公司的更高，綜合性能也非常好。從 Geekbench 跑分也可以看到蘋果晶片的性能優勢，A10 的性能比 ARM 73 標準架構的性能高 75% 以上。

- 聯發科，台灣的晶片研發公司。在我們以往的測試中，該公司中低端晶片的性能和其價位相對應。Helio P90 晶片屬於聯發科發佈的偏高端的晶片，包含了 AI 硬體處理器 APU。Helio P90 晶片採用 12 奈米工藝、A75 核心和傳統的 BigLittle 設計。

- 華爲，華爲手機端的麒麟晶片是不對外銷售的，所以截至 2019 年 5 月，市面上可體驗到華爲晶片性能的設備只有華爲手機。華爲的晶片設計能力的提升速度可謂有目共睹。從麒麟 970 開始，華爲將高性能的專用神經網路晶片 NPU 帶進了 SoC。在筆者之前的工作中，和華爲有過許多合作，包括在用戶端深度學習預測庫的合作研發：我們先透過 ONNX 將模型轉換打通，從而實現了從華爲模型規範到 PaddlePaddle 模型規範的無縫轉換；而後筆者也在百度 App 內使用了 NPU 加速神經網路。
- 三星，旗下業務眾多，晶片只是其中一項，手機也是其重要業務之一，從零件如晶片、螢幕、記憶體、電池等，到手機整機都可以製作。Exynos8895 是三星發佈的一款偏高端的晶片，它的中端晶片有 Exynos7870 等。三星晶片在中國移動互聯網市場的佔比較少。

如果晶片可以自給自足，就免去了中間環節，會給最終的產品帶來巨大的利潤空間。但是由於晶片領域投入成本極高，所以目前大部分手機廠商仍然仰賴高通的晶片。

儲存金字塔與 ARM 組合語言

CPU 具有良好的通用性，所以一直是行動端深度學習和相關演算法編寫實作的首選硬體，利用 CPU 進行計算也是很多框架的基礎版本就涵蓋的。行動端 App 平台和嵌入式平台都有利用 CPU 進行計算的大量案例。CPU 的性能最佳化是筆者長期以來負責的重點方向之一，很多最佳化思考都是從 CPU 入手的，驗證後發現性能確有提升，就會考慮該模式是否適用於其他硬體。本章會深入介紹 ARM CPU 的儲存金字塔與組合語言程式設計，包括工具的使用和幾種重要的最佳化思路，並強調其中的關鍵知識點。這些最佳化技術包含整體異構計算的最佳化方式，當然這不僅適用於深度學習領域。希望本章的內容能 明工程師們在實際研發中更好地應用本書所講的最佳化思路，解決計算性能問題。

6.1 ARM CPU 的完整結構

第 5 章介紹了最基本的 CPU 構成，為了便於理解，所提供的範例隱藏了 CPU 內的某些複雜功能，資料也全部直接來自記憶體。瞭解了指令的執行過程後，就可以對深度學習框架的執行性能做深度最佳化了，我們需要在第 5 章的基礎上探討 CPU 快取和一些常見的最佳化方法。

圖 6-1 取自 ARM 官方網站，是一張關於 Cortex-A76 晶片的結構圖，它有 4 個核心元件，除 CPU 計算元件外，還有晶片上快取 L1 和 L2（圖 6-1 中的 64KB L1 l-cache Parity、64KB L1 l-cache ECC 和 256KB/512KB Private L2 ECC），在部分蘋果公司設計的晶片中，還會有核心之間共用的 L3 快取。

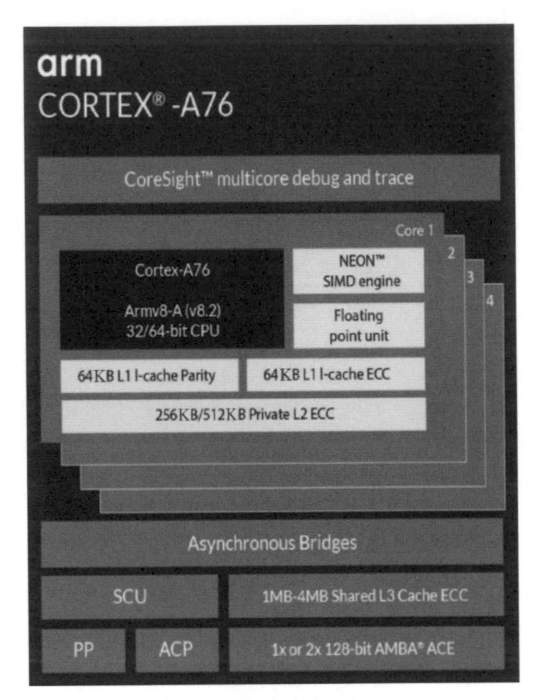

圖 6-1　ARM 官網公佈的 Cortex-A76 結構圖

常見的主記憶體（記憶體）屬於動態隨機存取記憶體（Dynamic Random Access Memory，DRAM），主要原理是對電容充電後，透過電荷量的多寡來判斷二進位數字的數值，如果電荷量較少，就認爲表達的資料是 0；如果電荷量較多，就認爲表達的資料是 1。電容在實際使用環境中會存在漏電現象，顯然，如果漏電過多，記憶體中的資料將無法保存。爲了保持記憶體中的資料持久可靠，需要對動態隨機記憶體進行週期性充電，以刷新電荷量。記憶體的設計方式決定了其性能提升受制於充放電過程。

L1、L2、L3 是 CPU 計算單元到記憶體之間的快取，這種快取需要保持通電狀態，所以被稱爲靜態隨機存取記憶體（Static Random-Access Memory，SRAM）。它的實作原理是用開和關表示資料 1 和 0，顯然這樣的電晶體斷電後會在瞬間遺失資料。但是與 DRAM 相比，SRAM 不需要重新整理電荷量且性能極高。第 5 章爲了聚焦核心設計而簡化了 SRAM，其實在現代計算設備晶片中都存在 SRAM。SRAM 的存在意義是在讀取一些可能被反覆使用的資料時，不需要到記憶體中讀取，到 SRAM 中讀取即可。

行動端深度學習及嵌入式異質運算最重要的最佳化手段包括晶片上快取讀寫最佳化，就是對 SRAM 的最佳化，善於利用這些狹小的儲存空間，可以換來極大的性能提升。

6.2 存放裝置的金字塔結構

從現代計算設備出現開始，就離不開存放裝置。這些存放裝置主要是爲了記憶資料，儲存計算過程中或者計算結束後產生的結果。可以說沒有這些存放裝置就沒有現代電腦。在嵌入式系統中，如記憶體、SD 卡等都是我們熟知的存放裝置，此外還有一些日常研發中較少用到的記憶體。如果我們正在編寫一個計算密集型的程式，同時對計算性能有很高的要求，那麼就需要控制更多的記憶體資源。合理地分配記憶體資源是最佳化性能的必經之路和重要法寶。

圖 6-2 是一個行動裝置的存放裝置結構圖，這張圖簡單卻有效地表示了現代行動裝置（典型的如手機）的儲存結構特點。在圖 6-2 中，越靠近頂層的記憶體速度越快，距離晶片計算核心也越近。同時，由於面積、功耗、成本等資源的限制，速度越快的記憶體所能儲存的資料往往越少。如第 5 章中介紹的暫存器，只有幾十個 64 位元的資源可以使用，但是其速度優勢極爲明顯。從計算核心到暫存器之間的延時是非常低的，只有一個時脈週期。在圖 6-2 中，隨著記憶體層級變低，其到計算核心的距離越來越遠，速度也越來越慢，但是儲存空間逐漸變大。這樣的一個金字塔結構繼承自 x86 平台設計，其中如 Flash 等硬體在 x86 平台可能是一塊硬碟。

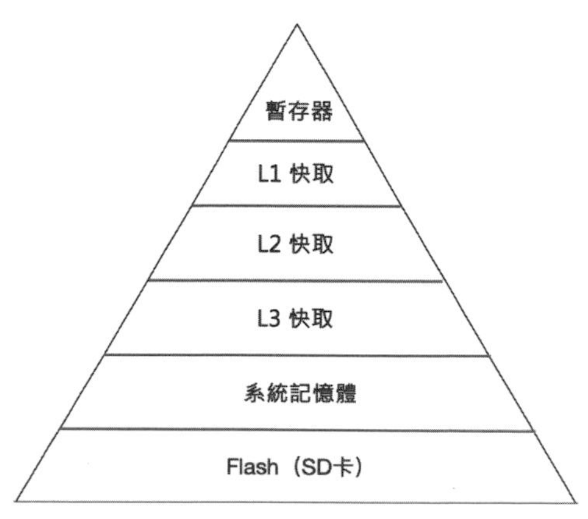

圖 6-2　手機等行動裝置的存放裝置結構圖

記憶體的性能相對較差。在行動端深度學習等場景下，需要注意的是記憶體中的資料需要連續排列，因爲從內存取資料所需的時間是從 L1 快取讀取資料所需時間的幾十倍甚至上百倍。如果記憶體中需要載入的資料不連續排列，就會增加不必要的定址時間，進而導致性能驟降。

在馮紐曼結構中，快取用於儲存指令和資料，並且這兩部分內容是混合在一起的。改進的哈佛結構有單獨的指令快取和資料快取。在大部分 ARM 晶片內部，都是由一個二級快取支撐著不同一級快取（指令快取和資料快取）的。

記憶體的上一級是 L3 快取，它較少被用在嵌入式設備中，蘋果手機的晶片往往包含 L3 快取。再往上是 L2 快取和 L1 快取，它們是主流設備中都含有的儲存區域。

圖 6-3 所示是一塊行動端哈佛結構晶片的快取結構意示圖，從圖中可以明顯看到，L1 快取被分爲資料快取（Data cache）和指令快取（Instruction cache）兩部分，即指令和資料在 L1 快取中被明確分開，這一點也是哈佛結構和馮紐曼結構的最大區別。另外從距離能看出，L1 快取區域和核心（Core）是緊密相接的，而 L2 快取區域與核心之間存在更長的路程，L2 快取到記憶體則要透過匯流排（Bus）通道。每一次距離延長和步驟複雜化都會帶來性能損失。

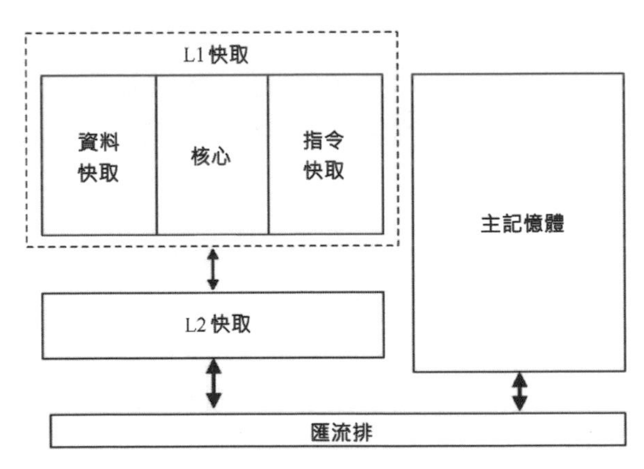

圖 6-3　行動端哈佛結構晶片的快取結構圖

多年來，ARM 晶片的 L1 快取和 L2 快取的容量一直在增大，之前常見的 L1 快取的容量是 16KB 和 32KB。隨著時間推移，目前 ARM 高端架構晶片的 L1 快取容量已經達到 128KB，指令和資料快取各 64KB。L2 快取的容量達到了 512KB，L3 快取的容量最大達 4MB。

6.3 ARM 晶片的快取設計原理

瞭解 ARM 晶片中的快取設計有助於進一步理解最佳化性能的思路，本節將探討晶片上快取的原理，以幫助讀者更深入地理解高性能計算，進而自如地應用各項快取最佳化技巧。

6.3.1 快取的基本理解

如果你完全不知道快取的作用和工作原理，可以從圖 6-4 開始理解。CPU 取資料時一般會先經過快取（Cache），圖中的每個 block 是快取從記憶體載入資料的最小單元。如果所有層級的快取中都不存在該資料，才去記憶體中讀取，並將返回的資料寫入快取。因爲有快取的存在，所以存取熱點資料時不需要每次都去記憶體中讀取，而是儘量從快取讀取，而存取快取的速度比存取記憶體快很多，所以這樣的設計可以極大地提升整個架構的性能。

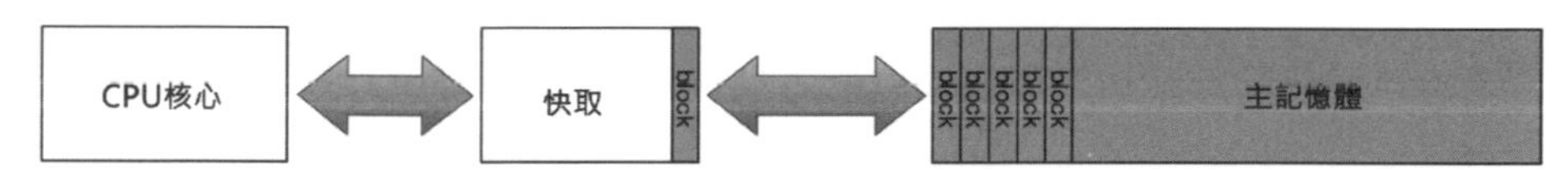

圖 6-4　快取工作原理示意圖

快取結構和記憶體結構緊密關聯，透過對位址內的資料分段匹配，能讓快取內的資料更容易查找和結構化。快取需要和一個位址綁定，藉由綁定規則可以確定所要查找的資料是否在快取中。透過 32 位元位址的高位，能知道快取資料在記憶體的什麼位置，同時這一段資料也用於判斷是否命中了快取，該段資料稱爲 Tag（標籤）。要將 Tag 和快取內的資料綁定，就需要將其儲存下來，以備之後查詢判斷是否命中快取時使用。從程式師的角度理解 Tag，它類似 Key-Value 結構中的 Key。顯然，儲存 Tag 會佔用快取物理空間。但是，我們一般看到的晶片官方標出的快取空間是不包含 Tag 所佔用的空間的，因此實際佔用的快取空間比標出的空間更大一些，二者的差值就是 Tag RAM 的大小。

如果每位元組都使用一個 Tag，顯然非常浪費，因此實際情況是多位元組組合在一起共用同一個 Tag。這樣被組合在一起的邏輯資料塊通常稱爲快取行（Cache Line），也就是圖 6-4 中的一個 block。32 位元位址的中間位元標識稱爲索引（Index），查找快取時直接「奔向」該行索引位置而後再對比標籤。

索引僅僅是一種約定，目的是便於儲存和查詢。例如，某條資料的索引位置是1，那麼它的寫入和讀取都應該操作索引值為1的那條快取行。因為讀寫規則都已經明確約定好了，所以索引也就不需要被另外儲存起來。本章稍後將對此進行更詳細的介紹。快取行還包含標識，用以標識該快取行的資料或指令是否有效。預設快取行的查詢細微性是一組位元組，如果想查到單一位元組就需要偏移量（Offset），它用於確定要讀取的資料在快取行內具體位元組的位置，如圖6-5所示。

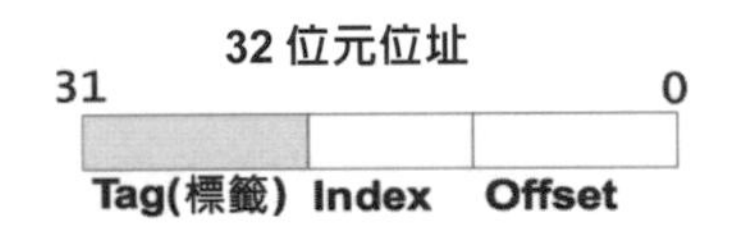

圖 6-5　ARM 快取和位址綁定規則

位址的基本結構已經明確，各部分是如何執行從而方便地找到所需的快取資料的呢？我們將眞實位址縮短，以一段組合語言程式為例來說明：

```
LDR R0,=0x2033
LDR R1,=0x4021
LDR R0,=0x2031
```

LDR組合語言命令是ARM架構下的常用指令，它負責從記憶體中載入資料。這一過程會檢查快取中是否存在該資料，如果不存在就從記憶體中載入，並將返回的資料放入快取中，這樣就在取資料的同時完成了一次快取操作。

圖6-6展示了ARM快取與地址的關係。CPU想從一個簡化的十六進位位址0x2033取資料，這一過程可以分為幾步：

1. 首先，控制器檢查索引（Index）標識位元。位址為0x2033，中間的部分為Index標識位元，這裡假設第三個數字為Index標識位元。此時控制器會定位到Index為3的快取行。
2. 找到該快取行後，再比對標籤（Tag），假設高位前兩個數字為Tag，控制器經過比對後確認Tag為20的連續4個位元組的資料都在該快取行中。
3. 現在控制器已經找到對應的快取行，也確認要找的資料就在指定快取行中，接下來要做的顯然是明確傳回快取行中的哪個位元組。假設位址

0x2033 最後一位元表示位元組位置，最後一位元為 3，因此該位置的資料是 A3。至此，一次快取讀取過程就完成了。

當執行到組語指令 LDR R1,=0x4021 時，系統會發現快取中並沒有該資料。這時控制器就會從記憶體中取資料，並且將取回的資料存到快取中一份，以備往後使用。執行到第三條組語指令 LDR R0,=0x2031 時，系統會發現以 Tag 20 開頭的快取行中有資料，且有效，因此會直接返回資料 A1，如圖 6-7 所示。

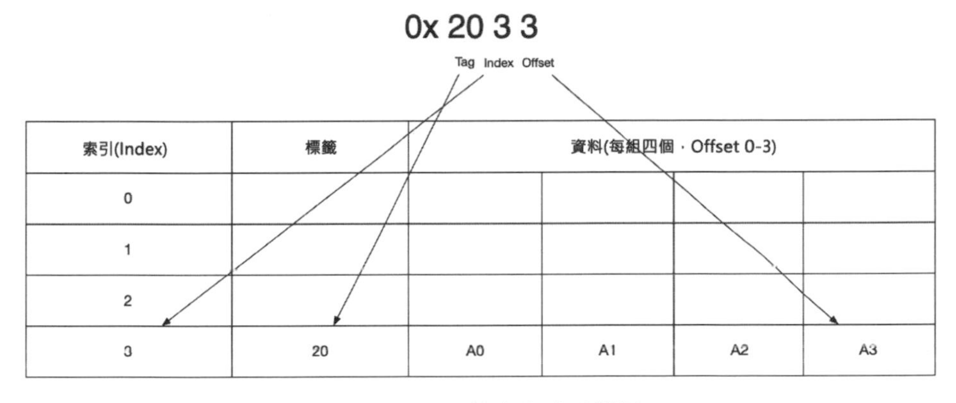

圖 6-6　ARM 快取與地址關係

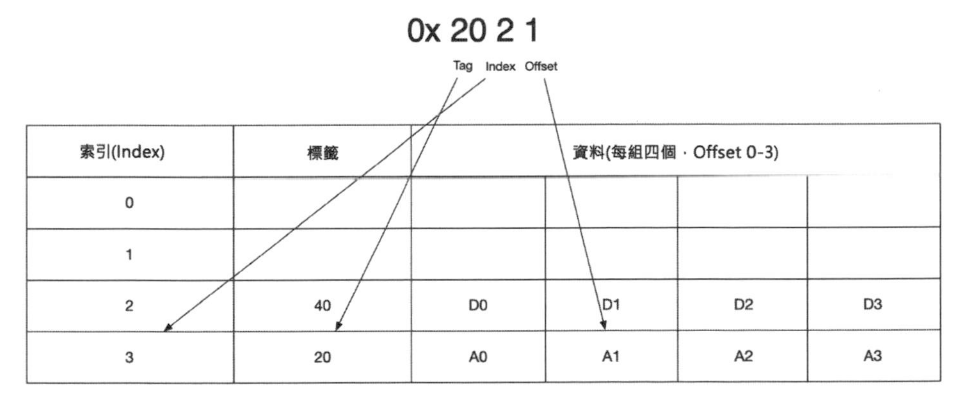

圖 6-7　以 Tag 20 開頭的快取行已經被填入的情況

6.3.2　簡單的快取映射結構：直接映射

快取中儲存的是記憶體中的資料。而記憶體的空間是快取的很多倍，比如在手機配置中，4GB 的記憶體是很常見的，而 L1 快取只有幾十 KB。想要把記憶體中的資料全部有效地放在快取中，是不實際的，這就衍生出一個問題：應該如何更好地設計快取的結構，才能有效率地將記憶體中的熱點資料快取進來？快取的設計方式有兩種，比較簡單的一種是直接映射，就是對每個 block 位址資料模除之後，固定分配到某個快取行中。

如圖 6-8 所示是一個直接映射的快取結構，圖中右側是一個包含 4 個快取行的快取，左側表示記憶體結構，其中有多個位址都映射到了 0 號快取行位置。如果僅僅有 4 個快取行，32 位元地址中只需要兩組「0」、「1」二進位數字就可以表示索引了，剩下的部分用於保存標籤和偏移量。

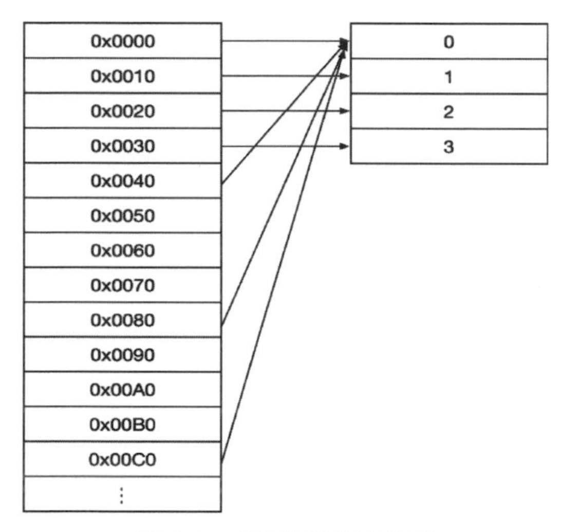

圖 6-8　直接映射快取結構

直接映射快取結構的優點是效率高，而且不需要額外的硬體進行控制，因為儲存的位置已經固定，每次查詢只要用位址比較一個 Tag，就可以知道是否命中。比如位址 0x0000 直接和 0 號快取行對比就可以了。從圖 6-8 中可以看到，如果反覆存取記憶體中的 0x0000 和 0x0040 兩個位置，就會導致快取中的第 0 號位置不停地被替換，進而導致大量存取要求無法命中到快取中，這種情況還不如沒有快取。可能你會說，有誰會這樣不停地交替存取 0x0000 和 0x0040 兩個位置呢？其實在 32 位元設備中就很容易發生這種交替存取導致快取失效的現象。32 位元設備的 int 寬度正好是 4 個位元組，下面是一段關於 32 位元 int 快取的程式碼。

```
// 測試直接映射的性能
void test_cache_arr(int *p1, int *p2, int *res, int size) {
        int i;
        for (i=0 ; i<size ; i++) {
            res[i] = p1[i] + p2[i];
    }
}
```

- 假設 res、p1、p2 的地址是 0x0000、0x0040 和 0x0080，第一次執行時快取中沒有資料，接下來就會發生一次快取行寫入，將 0x0040 ～ 0x004F 的數據放入快取中。
- 當讀取 res 位址 0x0080 時，快取行中有資料，但是它的 Tag 比對失敗。因此還會發生一次快取行寫入，用 0x0080 ～ 0x008F 的資料替換 0x0040 ～ 0x004F 的資料。
- res 作爲結果寫入 0x0000。根據分配策略，這可能會再一次導致發生快取行寫入。0x0080 ～ 0x008F 的資料會遺失。

上述程式碼迴圈反覆運算，每次都會發生同樣的事情，導致性能表現極爲不佳。這種直接映射的方式存在明顯的弊端。所以在一些早年的處理器（如 ARM1136）中使用過該方式，但是在當下的主流 ARM 處理器中，已經找不到直接映射快取設計了。本節說明直接映射的目的，是幫助大家理解組相聯映射。

6.3.3　靈活高效率的快取結構：組相聯映射

根據 6.3.2 節的分析可知，直接映射的快取結構的問題在於，多個記憶體位址只能映射到一個位置，如果寫入快取的位址有衝突，就只能執行替換操作，不夠靈活。組相聯映射的結構是在直接映射結構的基礎上將快取一分爲二，將原來的快取區域拆分爲兩個完全相同的快取區域，每個快取區域的空間與原來相比都是減半的。組相聯映射是 ARM CPU 主要使用的快取映射方式。

分割後的快取雖然空間變小了，但是更加靈活，不容易產生快取失效現象。例如，0x0000 這個位址的資料可以儲存在兩路快取中的任何一路（每一個分割後的快取區域稱爲路，英文是 Way）。如果第一路有衝突，就可以儲存在第二路。再來看 6.3.2 節的代碼：res[i] = p1[i] + p2[i];，在組相聯映射結構下，反覆讀取 p1 和 p2 也不容易發生快取替換，因爲它們完全可以儲存在不同的快取區域內被交替存取，如圖 6-9 所示。

兩路組相聯快取結構能解決一部分快取無法命中的問題。但是如果要輪流讀取三個相同位置的快取，兩路組相聯的快取結構就顯得捉襟見肘了。也許你已經想到了，我們的確可以再增加路數，在 ARM CPU 中，4 路快取結構是很常見的。

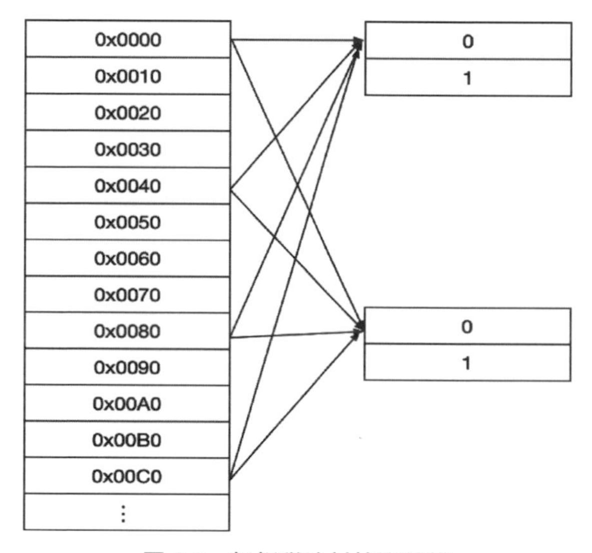

圖 6-9　組相聯映射快取結構

增加快取的組相聯路數可以增加快取命中率。但是晶片中的總路數是有限的，最多可以將每個快取行作爲一路，這樣的情況就是全相聯快取。在全相聯快取結構下，記憶體中的任何位置可以映射到快取中的任何位置。但是，除了一些特殊情況（極小的快取結構，如 TLB），這樣的快取結構並沒有被使用。爲什麼呢？在直接映射的快取結構中，每次查詢只需要比對一次，因爲位置已經事先約定好；在兩路組相聯的快取結構中，每次查詢就要分別在兩路快取中進行比較；同理，在全相聯結構中，每次查詢需要全部比對一遍，才能知道是否命中，可以說全相聯結構是以增加硬體複雜度和功率爲代價的，是得不償失的。

實際情況也是如此，4 路以上的組相聯 1 級快取，能帶來的性能提升已經很有限。8 路或 16 路的組相聯 2 級快取，能帶來的性能提升更加明顯。圖 6-10

來自ARM官方，藉由這張圖可以更加全面地瞭解ARM晶片中快取的組相聯結構。一個最小的資料單元就是一個快取行，Set和Index的編號是相同的，比如第0號Set的Index編號也是0。Tag RAM是單獨用於存放Tag的快取區域。Offset是快取行內部的索引。每一路就是一個獨立的快取區域。控制器取得位址資料後，首先找到Index對應的快取行，然後再繼續和Tag RAM中的Tag資料做對比，確定是否找到了所需要的資料。圖6-10中有4路快取，因此要在確定Index後同時對比4路Tag。

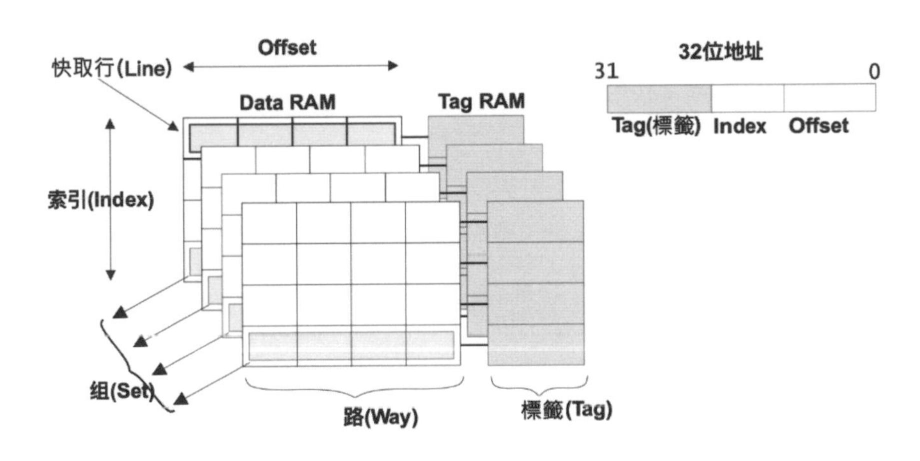

圖 6-10　組相聯映射快取結構全景圖

6.3.4　利用一個簡單的公式最佳化存取效能

CPU向快取發出讀取數據的要求後，快取會檢查對應的資料是否在快取中，如果有，則稱爲快取命中。和快取命中相關的重要性能指標叫命中率，含義是CPU發出的存取要求中，快取命中的要求數佔總要求數的比例。如果命中快取，就會向CPU回傳資料，快取命中並從快取中回傳資料所需要的時間，稱爲命中時間（Hit Time），這是另一個重要的性能參數。現在的CPU，一級快取命中大約需要1～3個時脈週期，二級快取命中大約需要5～20個時脈週期。

如果CPU要找的資料不在快取中，則稱爲快取失效。與快取失效相關聯的指標是失效率（Miss Rate），即快取失效的要求數佔總要求數的比例。顯然，失效率和命中率相加應該等於1。在發生快取失效後，快取會向記憶體發起讀取要求，等待從記憶體中回傳要讀入資料的時間，稱爲失效代價（Miss

Penalty）。現在通常需要等待 100 個以上的時脈週期之後，才能得到要讀取的資料。要評估存取（即存取記憶體）的效能，經常會用到平均存取時間這個指標，它就是由上述幾個參數推算而得出，單位是 CPU 時脈週期。

如果平均存取時間爲 T，命中時間爲 T_h，失效代價爲 P_m，失效率爲 R_m，那麼

$$T=T_h+P_m \times R_m$$

從上面的公式可以看到，要想提高存取性能、縮短平均存取時間 T，就需要分別從 T_h、P_m、R_m 這三個參數入手。想要縮短命中時間 T_h，就要儘量將快取的容量做得小一些，快取結構越簡單，存取快取的效率越高。但是，小容量的、結構簡單的快取不夠靈活，很容易發生失效（R_m 增大），這又會增加平均存取時間，可見這三個參數並不是獨立的，而是相互影響的。如果想要減小失效代價 R_m，提升記憶體的性能是一種辦法。

舉例來說，當命中時間爲 3 個時脈週期、失效代價爲 100 個時脈週期、命中率爲 95%（失效率爲 5%）時，平均存取時間爲 3+100×5%=8。當命中率變爲 99%（失效率爲 1%）、其他值不變時，平均存取時間爲 3+100×1%=4。在這個案例中，命中率只提高了 4%，平均存取時間就縮短爲原來的一半了，存取效能提升了一倍。在實際操作過程中，如果能將命中率提升一點點，就會對整體性能的提升做出極大貢獻。

第 7 章會帶著讀者使用相關工具觀察命中率，並做出最佳化。

6.4 ARM 組合語言知識

本節重點介紹 ARM 組合語言知識，這部分知識適合想要瞭解 ARM 組合語言和高性能最佳化的開發人員，尤其是對 ARM 平台上的深度學習感興趣的讀者閱讀。ARM 處理器無處不在，我們身邊的大多數行動計算裝置，包括手機、路由器和最近銷售熱門的物聯網設備，都使用了 ARM 處理器（而不是英特爾處理器），也就是說，ARM 處理器已成爲全球最廣泛的 CPU 核心之一。

然而，儘管 ARM 組合語言可能是被廣泛使用的簡單的組合語言，而且 IT 從業人員中有大量專門從事 x86 晶片研究的專家，但是 ARM 晶片專家相對較

少。那麼，為什麼沒有更多的人專注於 ARM 呢？其中一個原因是 ARM 的學習資源較少（尤其是和英特爾晶片學習資源相比）。本節將介紹相關的實踐知識，希望能夠為感興趣的讀者帶來性能最佳化的靈感。

英特爾處理器和 ARM 處理器之間存在許多差異，主要區別在於指令集。英特爾處理器作為 CISC 處理器的代表，具有更大且功能更豐富的指令集，允許許多複雜指令存取記憶體，因此，英特爾處理器具有更多操作、定址模式，CISC 處理器主要用於普通個人電腦、工作站和伺服器。ARM 處理器則是 RISC 處理器的代表，具有簡化的指令集（100 條指令左右）和比 CISC 處理器更多的通用暫存器。與英特爾不同，ARM 指令集只操作暫存器，並且只有載入 / 儲存指令才能存取記憶體。例如，如果希望遞增 32 位元位址，那麼 ARM 處理器需要使用三種類型的指令（載入、遞增和儲存）：首先要將指定的位址的值載入到暫存器中，然後在暫存器中遞增它，最後將暫存器中的資料儲存到記憶體中。

精簡指令集的一個優點是指令執行速度快，精簡指令集架構可以透過減少每條指令的時脈週期來縮短執行時間；但較少的指令也帶來了缺點：工程師要使用有限的指令來編寫軟體，由於每條指令的功能都很簡單，所以需要的指令行數很多，最後導致編碼量增加。另外需要注意的是，ARM 處理器有兩種運作模式，ARM 模式和 Thumb 模式。Thumb 指令的長度可以是 2 個或 4 個位元組。

再從底層來講，因為電路上的電子訊號使用數字 0 和 1 作為最基本的數字，所以 0 和 1 作為二進位系統的數字被廣泛應用。指令是電腦處理器運行的最小工作單元。以下是機器語言指令的展示：

```
1110 0001 1010 0000 0010 0000 0000 0001
```

這串數字的確是一行指令，但是我們很難記住它。基於這個原因，我們使用所謂的助記符來實現快速編寫這些指令。這和 IP 位址不容易記憶、因而出現了網站名稱是一樣的道理。

每個機器指令都有一個名稱，助記符通常由三個字母構成。組合語言使用的就是這些助記符關鍵字。組合語言是人類用的最低階的程式設計語言，其範例如下。

```
MOV R2，R1 @註解
```

由助記符組成的文字資訊寫好以後，如果要執行這些資訊，就需要先讓機器「讀得懂」，而機器只認識 0 和 1，所以還需要將其轉換為機器程式碼，這個過程稱為組譯。

本章所設計的 ARM 組語指令程式碼經常會以 @ 符號開頭，後面跟隨註解內容。

6.4.1 ARM 組合語言資料類型和暫存器

與高階語言類似，ARM 組合語言也支援對不同資料類型進行操作。如果從資料的尺寸來看，可以操作的資料類型包括位元（bit）、位元組（byte，以 b 或 sb 結尾）、半字（half word，以 h 或 sh 結尾）和字（word），如圖 6-11 所示。

如果從正負數符號類型來看，可以分為有符號的（signed）資料和無符號的資料，二者的區別是：

- 有符號的資料類型可以包含正值和負值，因此有符號的資料類型所能表示的資料範圍較小（因為還要考慮到負數）。
- 無符號的資料類型可以保存大的正值（包括「零」），但不能保存負值，因此能表示的資料範圍更大。

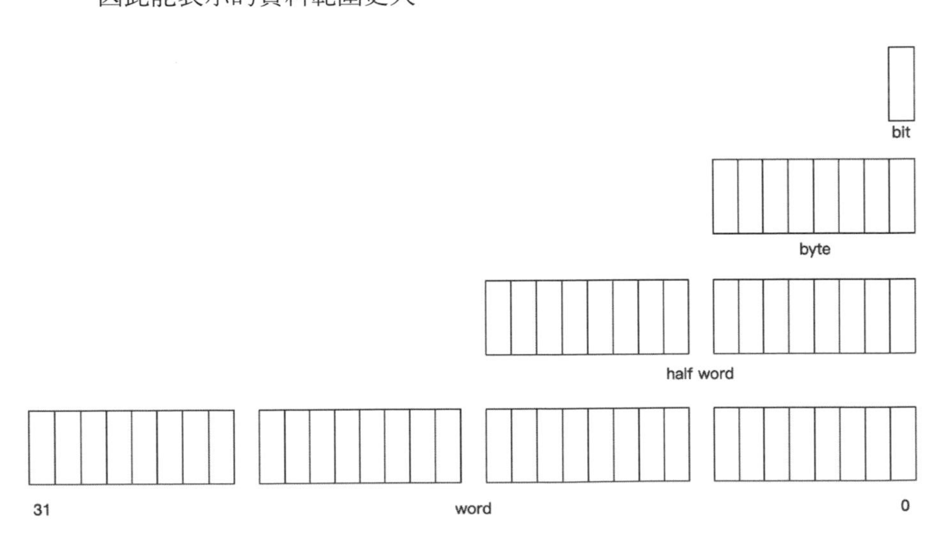

圖 6-11　各類組合語言資料類型的尺寸

如何載入和使用圖 6-11 中的各種資料類型呢？下面以組合語言操作資料指令爲例來說明。

- ldr：從記憶體載入一個字的資料。
- ldrh：從記憶體載入無符號半字的資料。
- ldrsh：從記憶體載入有符號半字的資料。
- ldrb：從記憶體載入無符號位元組。
- ldrsb：載入有符號位元組。
- str：向記憶體中寫入一個字到記憶體。
- strh：向記憶體中寫入無符號半字。
- strsh：向記憶體中寫入有符號半字。
- strb：將無符號子節儲存到記憶體中。
- strsb：將有符號位元組儲存到記憶體中。

另外值得一提的是，記憶體中的位元組有兩種排列方式：小端序（Little-Endian，LE）和大端序（Big-Endian，BE），二者的區別在於位元組在記憶體中的儲存順序。在像 Intel x86 這樣的小端序機器上，最低有效位元組儲存在接近零的位址中；而在大端序機器上，則是最高有效位元組儲存在接近零的位址中。ARM 體系結構支援大端序和小端序自由切換，它可以切換位元組順序的設置。

手機中的 ARM 處理器一般具有 30 個 32 位通用暫存器。ARM 處理器中有 16 個暫存器可在使用者模式下存取。第 5 章已經概括性地介紹了所有的 ARM 暫存器，本節將詳細講一下 R0 ～ R15 以及 CPSR，這 17 個暫存器可以分爲兩組：通用暫存器和專用暫存器，如表 6-1 所示。

表 6-1　R0 ～ R15、CPSR 暫存器

	暫存器	別名	作用
通用暫存器	R0 ～ R6	-	通用
	R7	-	持有 syscall 編號
	R8 ～ R10	-	通用
	R11	FP	frame 指針

	暫存器	別名	作用
專用暫存器	R12	IP	呼叫臨時暫存器
	R13	SP	堆疊指針
	R14	LR	連結暫存器
	R15	PC	程式計數器
	CPSR	-	當前程式狀態暫存器

- R0 ～ R12，一般常用於儲存臨時值，如指標、位址等。例如，R0 在數位運算中常被稱爲累加器，也可用於儲存函式呼叫結果。在作業系統呼叫流程時，R7 儲存系統調用號，R11 幫助做堆疊操作。此外，R0 ～ R3 被用於傳入函數參數以及傳出函數返回值。在子函數調過程中，在返回之前不需要重置 R0 ～ R3。

- R13（堆疊指標，SP），指向堆疊頂，堆疊在函數回傳時回收，因此堆疊指標用於分配堆疊上的空間。如果想要分配一個 32 位元的資料，就得把堆疊指標減 4（代表 4 個位元組）。

- R14（連結暫存器，LR），進行函式呼叫時，PC（程式計數器）暫存器內的位址會被保存在 R14 連結暫存器中。這樣做有兩個作用，一是子函數完成呼叫後，可以將 R14 回傳給父函數以防止父函數「忘記」剛剛執行哪了；二是 R14 可以作爲程式計數器的一個備份，在異常情況下恢復程式計數器內的資料。

- R15（程式計數器，PC），自動按所執行指令的位址進行遞增。ARM 指令集遞增的間隔一般是 4 個位元組，在 Thumb 模式下是 2 個位元組。舊版本 ARM 晶片會在開始執行時立刻讀取兩條指令，這兩條指令並非程式師編寫的，而是強制插入的。所以現在的 PC 暫存器爲了相容舊版本晶片，在開始執行程式時會直接跳過 8 個位元組，這可能和我們期望的程式計數器遞增方式不同，需要注意這一點，以避免出現錯誤。

- CPSR（當前程式狀態暫存器），其中存在一些標誌，用於表示當前程式狀態，這些標誌可以透過修改 CPSR 的值進行設置，這些狀態包括分支和條件執行的狀態碼。

6.4.2 ARM 指令集

組合語言的原始程式碼行的一般格式如下：

```
指令a {擴展b} {條件c} {暫存器d} , 運算元e, 運算元f          @註解
```

這個格式範本是常用的 ARM 指令集格式範本，由於 ARM 指令集具有很高的靈活性，所以並非所有指令都使用上面範本中的所有欄位。儘管如此，我們還是要瞭解其中的各個欄位：

- a：指令的短名稱，也就是前文所說的助記符。
- b：可選尾碼。如果指定了尾碼，則更新結果的條件標誌。
- c：用於指令的條件執行。
- d：結果暫存器，用於存放指令執行結果。
- e：第一個運算元，可以是暫存器或立即數。
- f：第二個運算元，可以是立即數或者可選移位的暫存器。
- 註解：組合語言程式碼的註解，一般以 @ 開頭。

在上面的格式範本中，指令 a、擴展 b、暫存器 d、第一個運算元 e 和註解欄位的含義比較簡單，條件 c 和運算元 f 欄位則需要單獨說明。條件欄位 c 與 CPSR 暫存器中狀態位元的值緊密相關；第二個運算元 f 被稱爲靈活運算元，因爲我們可以以諸多形式使用它——作爲立即數、移位等操作的暫存器，其表現形式可以如下：

- #123：第二個運算元以立即數的形式使用（使用有限的值集）。
- R1, ASR 5：暫存器 R1 向右移位 5 位。
- R2, LSL 31：暫存器 R2，邏輯移位元 31 位元（最多 31 位）。
- R3, LSR 1：暫存器 R3 邏輯右移 1 位元。

下面透過一段完整的組語指令來瞭解一下指令格式：

```
ADD R0, R1, R2@將暫存器R1（運算元e）和R2（運算元f）中的內容相加，並將結果儲存到R0（結果暫存器d）中。
ADD R0, R1, #2@將暫存器R1（運算元e）中的內容和立即數的值2相加，並將結果儲存到R0（結果暫存器d）中。
```

MOVLE R0, #5@ 僅當滿足條件 LE（條件欄位 c，小於或等於）時，將立即數 5 賦值到 R0 暫存器。（因為編譯器在實際執行過程中會將其視為 MOVLE R0，R0， 5）。

MOV R0, R1, LSL #1@ 將 R1 的內容向左移一位元到 R0。此時，假設 R1 內的數值是 2，則它向左移一位並變為 4。然後再將 4 移動到 R0。

6.4.3 ARM 組合語言的記憶體操作

ARM 組合語言的指令中，只有 LDR（載入）和 STR（寫入）指令能存取記憶體，ARM 指令集是精簡指令集，資料必須在操作之前從記憶體移動到暫存器中。與之相對，在 x86 平台上，大多數指令都能直接操作記憶體中的資料。

為了解釋 ARM 組合語言對記憶體的操作，我們從一個基本範例開始，使用三種基本的位址偏移方式，每種偏移方式有三種不同的定址模式。對於每個範例，我們將使用具有不同 LDR/STR 偏移方式的組合語言程式碼，以保持簡單。

LDR R2, [R0]　　@ [R0]：源位址是在 R0 中儲存的值。

STR R2, [R1]　　@ [R1]：目標位址是在 R1 中儲存的值。

LDR 操作：將 R0 中找到的位址載入到目標暫存器 R2 中。STR 操作：將 R2 中的值儲存到 R1 中記憶體位址的指向處。

下面一起看一下位址的三種偏移方式，以及各自的定址模式。

偏移方式 1：將立即數作為偏移量

該方式的定址模式包括偏移、預索引和後索引。

這裡將立即數（整數）作爲偏移量。從基址暫存器（下例中的 R1）中加上或減去該值，以存取編譯時已知的偏移量的資料。

str r2, [r1, #2] @ 定址模式：偏移。將暫存器 R2 中的值儲存到 R1 + 2 中的記憶體位址中。基址暫存器 R1 未經修改。

str r2, [r1, #4]! @ 定址模式：預索引。將暫存器 R2 中的值儲存到 R1 + 4 中的記憶體位址中。修改了基址暫存器 R1，R1 = R1 + 4。

ldr r3, [r1], #4 @ 定址模式：後索引。將 R1 中的記憶體位址處的值載入到暫存器 R3 上。基址暫存器（R1）已修改，R1 = R1 + 4。

偏移方式 2：暫存器作為偏移量

該方式的定址模式包括偏移、預索引和後索引。這種方式以暫存器作爲偏移量，示範如下。

```
str r2, [r1, r2]  @ 定址模式:偏移。將R2(0x03)中的值儲存到R1中的記憶體位址，偏移量為R2。原暫存器未經修改。
str r2, [r1, r2]! @ 定址模式：預索引。將R2中的值儲存到R1中的記憶體位址，偏移量為R2。修改了原暫存器，R1 = R1 + R2。
ldr r3, [r1], r2  @ 定址模式：後索引。在暫存器R1中找到記憶體位址並將數值載入到暫存器R3。修改了原暫存器，R1 = R1 + R2。
```

偏移方式 3：移位操作偏移量

該方式的定址模式包括偏移、預索引和後索引。

```
str r2, [r1, r2, LSL#2] @ 定址模式：偏移。將暫存器R2中的值儲存到暫存器R1中位址指向處，偏移量R2左移2。
str r2, [r1, r2, LSL#2]! @ 定址模式：預索引。將暫存器R2中的值儲存到R1中位址指向處，偏移量R2左移2。
ldr r3, [r1], r2, LSL#2  @ 定址模式：後索引。將暫存器R1中的記憶體位址的值載入到暫存器R3。
```

三種偏移方式主要涉及讀寫記憶體資料，LDR/STR 是讀寫記憶體資料的重要指令。需要記住的 LDR/STR 範例如下。

偏移模式：使用立即數作爲偏移量，如下。

```
ldr r3，[r1， 4]
```

偏移模式：使用暫存器作爲偏移量，如下。

```
ldr r3，[r1，r2]
```

偏移模式：使用位移暫存器作爲偏移量，如下。

```
ldr r3，[r1，r2，LSL 2]
```

如果有驚嘆號（！），則是首碼位址匹配，如下。

```
ldr r3，[r1，#4] ！
ldr r3，[r1，r2] ！
ldr r3，[r1，r2，LSL #2] ！
```

如果基址暫存器本身在括弧中，則爲尾碼位址匹配，如下。

```
ldr r3，[r1]，#4
ldr r3，[r1]，r2
ldr r3，[r1]，r2，LSL #2
```

其他情況都屬於直接的位址偏移方式，如下。

```
ldr r3，[r1，#4]
ldr r3，[r1，r2]
ldr r3，[r1，r2，LSL #2]
```

6.5 NEON 組語指令

在追求極致性能的程式中，如果牽涉大量的向量計算，那麼使用單個暫存器逐一計算的方式會導致計算效率低下，爲了更快速地批次處理線性代數類的計算需求，ARM 提供了一套非常適合向量類型的批次處理計算指令集——NEON。這套指令集是一種 SIMD（Single Instruction Multiple Data，單指令多資料的指令並行技術）指令集。從圖 6-12 可以看到，左側使用了常規指令集處理批次加法，這種方式只能逐一計算；而右側則使用了 NEON 指令集處理，這種技術可以使用它強大的 Q 系列暫存器同時處理四條加法指令，能顯著提升性能。

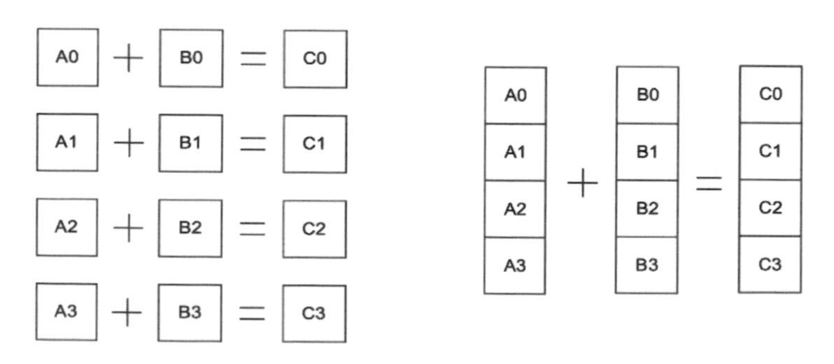

圖 6-12　常規指令集和 NEON 指令集處理批次加法對比

筆者所帶領的團隊在開發行動端深度學習框架時，大量使用了 NEON 技術，它已成爲高性能計算的必需品。在最佳化得當的情況下，使用 NEON 可以使速度提升兩倍以上。除了深度學習領域，NEON 技術也可以用在編碼 / 解碼、圖形、遊戲、語音、圖像等方向。NEON 的使用方式也比較簡單，與 6.4 節的 ARM 組合語言用法基本相同，只不過暫存器的操作數據的範圍更大。

6.5.1 NEON 暫存器與指令類型

NEON 暫存器有 16 個，每個都是 128 位元、分爲四字，對應暫存器 Q0 ～ Q15；在每個 Q 暫存器內部存在兩個 D 暫存器；每個 D 暫存器內部存在兩個 S 暫存器，三套暫存器（Q 系列、D 系列、S 系列）的對應關係如圖 6-13 所示。共有 32 個 64 位元雙字暫存器，即 D0 ～ D31，以及 32 個 32 位元單字暫存器，即 S0 ～ S31，S 系列暫存器只佔用了全部 NEON 暫存器一半的空間，從圖 6-13 可以看出來這一點。從本質上講，三套暫存器在物理上佔用的是同一塊儲存空間，可以將每一套暫存器理解爲不同尺寸資料的別名，這一點需要特別注意，否則容易出現相互覆蓋的情況。

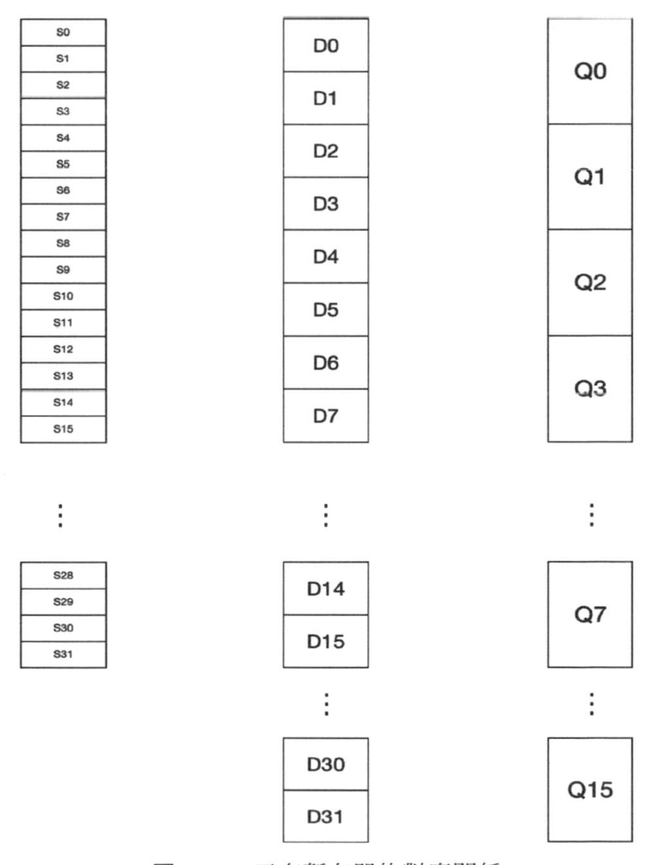

圖 6-13　三套暫存器的對應關係

如何才能快速寫出高效率的程式碼？這就要熟悉各個指令，知道各個指令的使用規範和使用場合。

ARM 指令有 16 個 32 位元通用暫存器，即 R0 ～ R15，一般 R0 ～ R3 會作爲函數參數使用，函數返回値放在 R0 中，所以實際使用的暫存器是 12 個。若函數參數超過 4 個，則多出來的參數會被壓入堆疊。

NEON 指令以 V 開頭，運算元一般都是向量資料。使用 NEON 指令計算時，要提前對資料類型佔用空間做規劃，表現在指令上就是，根據結果類型寬度與運算元寬度的關係，來選擇不同類型的指令。可以分爲以下幾種情況。

- 普通指令：若結果類型寬度與運算元向量類型寬度相同，就使用普通指令。
- 長指令：若對雙字向量運算元執行運算，得到四字向量結果，就使用長指令。長指令以 L 標記，如 VMOVL（V + MOV + L）。
- 寬指令：若一個雙字向量運算元和一個四字向量運算元作運算，得到四字向量結果，就使用寬指令。寬指令以 W 標記，如 VADDW（V + ADD + W）。
- 窄指令：若四字向量運算元執行運算，得到雙字向量結果，即一般得到的結果寬度爲運算元的一半，就使用窄指令。窄指令以 N 標記，如 VMOVN（V + MOV + N）。
- 飽和指令：若計算過程中的值超過了資料類型指定的範圍，則結果會自動限制在該範圍內，此種情況稱爲飽和，使用飽和指令。飽和指令標記爲 Q，如 VQSHRUN（V + Q + SHRUN）。

6.5.2 NEON 儲存操作指令

用 NEON 相關技術操作記憶體時，經常會用到 VLD 和 VST 系列指令。我們先看範例，再來解讀指令的含義。下面程式碼來自行動端深度學習框架 Paddle-Lite，這段程式碼是 Winograd（一種將部分乘法運算轉化爲加法運算的演算法）的一個實際應用的部分程式碼。由於完整程式碼較長，所以這裡只列出了 VLD 和 VST 相關的部分，如果希望閱讀完整程式，可以在「連結 15」上搜索並查看 winograd_transform_f6k3.cpp 文件。

```
#pragma omp parallel for
 for (int oc = 0; oc < out_channel - 3; oc += 4) {
   float gw[96];  // gw[3][8][4]
   const float *inptr0 = inptr + oc * in_channel * 9;
   ...
   // oc * 64 * in_channel
   float *outptr = trans_outptr + ((oc * in_channel) << 6);
   for (int ic = 0; ic < in_channel; ++ic) {
     float *gw_ptr = gw;
     asm volatile(
         "vld1.32    {d0-d1}, [%[tm_ptr]]          \n"

         "mov        r0, #24                       \n"
         "vld1.32    {d2-d5}, [%[inptr0]], r0      \n"
         "vld1.32    {d6-d9}, [%[inptr1]], r0      \n"
         "vld1.32    {d10-d13}, [%[inptr2]], r0    \n"
         "vld1.32    {d14-d17}, [%[inptr3]], r0    \n"
         "vtrn.32    q1, q3                        \n"
         "vtrn.32    q2, q4                        \n"
         "vtrn.32    q5, q7                        \n"
         "vtrn.32    q6, q8                        \n"
         "vswp.32    d3, d10                       \n"
         "vswp.32    d7, d14                       \n"
         "vswp.32    d5, d12                       \n"
         "vswp.32    d9, d16                       \n"

         "vst1.32    {d10-d11}, [%[gw_ptr]]!       \n"
         : [gw_ptr] "+r"(gw_ptr), [inptr0] "+r"(inptr0), [inptr1]
"+r"(inptr1),
           [inptr2] "+r"(inptr2), [inptr3] "+r"(inptr3)
         : [tm_ptr] "r"((float *)transform_matrix)
         : "cc", "memory", "q0", "q1", "q2", "q3", "q4", "q5", "q6",
"q7", "q8", "q9", "q10", "q11", "q12", "q13", "r0");
  }
  ...
```

上面的程式碼使用了 Q 和 D 系列暫存器，大多數是記憶體操作。其中，vtrn 和 vswp 指令分別對向量做轉置和交換操作，先不用管。如果你能看懂下面一行程式碼，那麼說明你基本上讀懂了這段程式碼的含義。

```
"vld1.32    {d2-d5}, [%[inptr0]], r0      \n"
```

用一般的語言來解釋這行程式碼就是，使用 vld1 指令連續載入記憶體資料，類型為 32 位元組，從 inptr0 指向的位址開始連續載入資料，填入到 D2、D3、D4、D5 四個暫存器（對應程式碼中的 d2-d5），最後將 inptr0 移位 R0（對應程式碼中的 r0）的位數，以便指向下一條資料。

基於上面的理解，再來看以下格式：

```
VLD1-4 或者 VST1-4 {cond}.datatype list, [Rn{@align}]{!}
VLD1-4 或者 VST1-4 {cond}.datatype list, [Rn{@align}], Rm
```

- VLD 和 VST 分為四種，分別以 1、2、3、4 結尾。VLD1 儲存序列如圖 6-14 所示。
- cond 是一個條件碼。（在 ARM 指令狀態下，除 VFP 和 NEON 公用的指令之外，不能使用條件碼來控制 NEON 指令的執行。）
- datatype：資料類型。
- list：指定 NEON 暫存器列表。
- [Rn{@align}]：包含基址的 ARM 暫存器，也可以不指定暫存器直接給定一個位址，由系統代操作。
- align：可選參數指定對齊方式。
- !：如果有驚嘆號，那麼執行完成後會更新暫存器 Rn。
- Rm：一般用於連續操作，載入或者儲存某個位址後會自動切換到下一行資料。

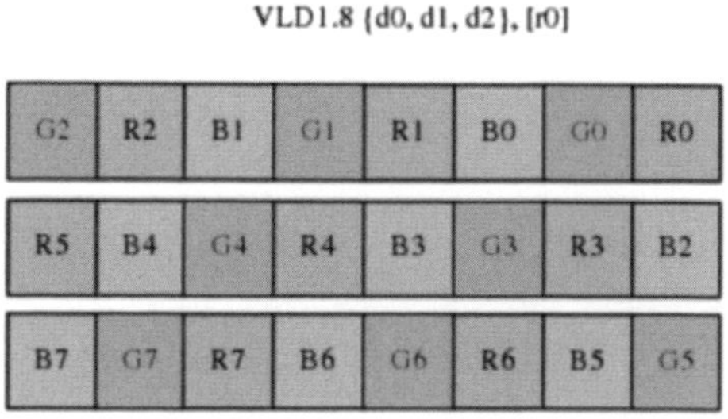

VLD1.8 {d0, d1, d2}, [r0]

G2	R2	B1	G1	R1	B0	G0	R0
R5	B4	G4	R4	B3	G3	R3	B2
B7	G7	R7	B6	G6	R6	B5	G5

圖 6-14　VLD1 儲存序列

6.5.3 NEON 通用資料操作指令

NEON 指令中的一些是用於處理通用情況的，如 6.5.2 節程式碼中的向量處理指示就是這樣的指令。下面列出的是常見的 NEON 通用資料操作指令。

- VCVT：定點數或整數與浮點數之間的向量轉換。
- VDUP：將標量複製到向量的所有維度上。
- VMOV：向量移動指令，可以將來源暫存器中的值複製到目標暫存器中。
- VMVN：向量求反移動，可以對來源暫存器中每一位的值執行求反運算。
- VMOVL、V{Q}MOVN、VQMOVUN：取得雙字向量中的每個元素，用符號或零將其擴充到原長度的兩倍。
- VREV：反轉向量中的元素。
- VSWP：交換向量。
- VTBL、VTBX：向量表查找。
- VTRN：向量轉置。
- VUZP、VZIP：向量交叉存取和反向交叉存取。

在上述指令中，VMOV 和 VMVN 的使用頻率較高。下面一行組合語言程式碼是 VMOV 指令操作 32 位元資料的範例：

```
vmov.32    q15, q9   @ 將 q9 中的向量複製到 q15 中
```

6.5.4 NEON 通用算術操作指令

通用算術操作指令主要包含加減法、求絕對值、向量求反等常見操作，舉例如下。

- VABA{L} 和 VABD{L}：向量差值絕對值累加，以及求差值絕對值。
- V{Q}ABS 和 V{Q}NEG：求向量絕對值和向量求反。
- V{Q}ADD、VADDL、VADDW、V{Q}SUB、VSUBL 和 VSUBW：這些指令是向量加法和向量減法的變種，請參考 6.4.1 節的尾碼解釋來理解它們的含義。

- V{R}ADDHN 和 V{R}SUBHN：選擇部分的向量加法和選擇部分的向量減法，選擇結果的高位，可將結果捨入或截斷。
- VHADD：向量半加，將兩個向量中的相應元素相加，將每個結果右移一位，並將這些結果存放到目標向量中。可將結果捨入或截斷。
- VHSUB：向量半減，用一個向量的元素減去另一個向量的相應元素，將每個結果右移一位，並將這些結果存放到目標向量中。結果將總是被截斷。
- VPADD{L} 和 VPADAL：向量按對加，以及向量按對加並累加（比如有 4 個元素，1 和 2 爲一對，做加法運算；3 和 4 爲一對，做加法運算。再分別將兩組運算的結果繼續做加法運算，所得結果爲最後的累加結果）。
- VMAX、VMIN、VPMAX 和 VPMIN：求向量最大値、向量最小値、向量按對最大値和向量按對最小値。
- VCLS、VCLZ 和 VCNT：向量前置字元號位元數目、前置字元爲零計數和設置位元數目。
- VRECPE 和 VRSQRTE：求向量近似倒數和近似平方根倒數。
- VRECPS 和 VRSQRTS：求向量倒數步進和平方根倒數步進。

6.5.5 NEON 乘法指令

NEON 的乘法指令在開發深度學習框架過程中會使用到。乘法相關指令主要用於操作向量的乘加和乘減，在此基礎上又分爲是否飽和等情況。將兩個向量中的相應元素相乘，並將結果存放到目標向量中。常用的指令有以下幾個。

- VMUL{L}、VMLA{L} 和 VMLS{L}：向量乘法、向量乘加和向量乘減。圖 6-15 以 VMUL{L} 爲例展示了操作向量的過程：

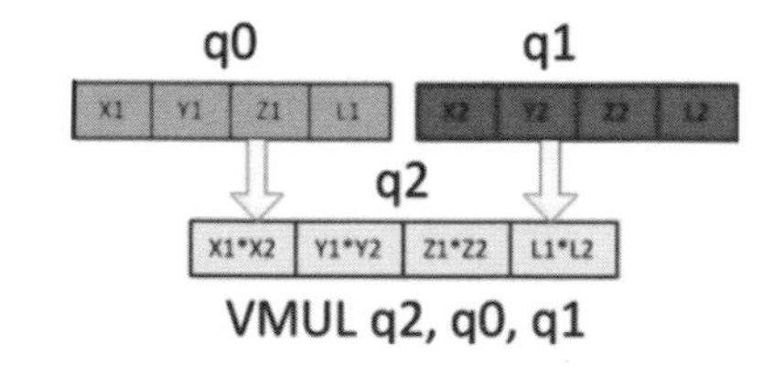

圖 6-15　向量乘法運算

- VQDMULL、VQDMLAL 和 VQDMLSL：向量飽和加倍乘法、向量飽和乘加和向量飽和乘減。

6.5.6 運用 NEON 指令計算矩陣乘法

對 NEON 指令有了一定的瞭解後，就可以用這些指令進行編碼，進而應用到實際產品線中。兩個 4×4 矩陣相乘是 3D 圖形處理時常見的操作（如圖 6-16 所示），現在假設有一批矩陣資料已經被預先放在記憶體中。

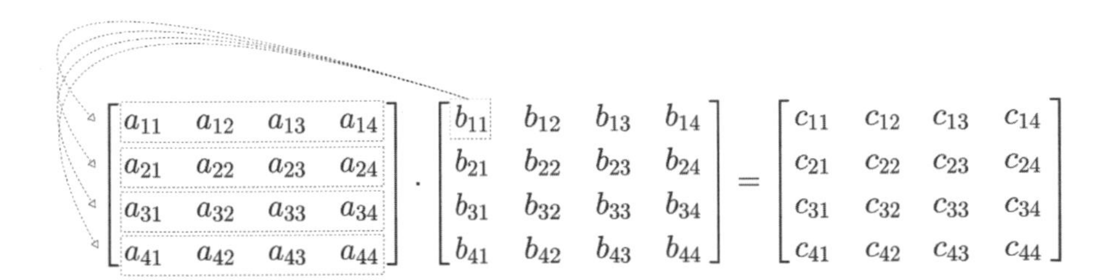

圖 6-16 矩陣乘法運算

矩陣相乘的具體過程如下式所示（以結果矩陣的第一行爲例）：

$$c_{11} = a_{11} \times b_{11} + a_{12} \times b_{21} + a_{13} \times b_{31} + a_{14} \times b_{41}$$

$$c_{21} = a_{21} \times b_{11} + a_{22} \times b_{21} + a_{23} \times b_{31} + a_{24} \times b_{41}$$

$$c_{31} = a_{31} \times b_{11} + a_{32} \times b_{21} + a_{33} \times b_{31} + a_{34} \times b_{41}$$

$$c_{41} = a_{41} \times b_{11} + a_{42} \times b_{21} + a_{43} \times b_{31} + a_{44} \times b_{41}$$

現在使用 NEON 指令集對第一行展開計算。在開始實際運算之前，需要將資料從記憶體複製到暫存器中，假設矩陣中的元素都是 32 位元的，左側矩陣按列儲存，右側矩陣按列儲存。下面程式碼用於將矩陣資料從記憶體載入到暫存器。

```
vld1.32  {d16-d19}, [r1]!          @ 透過 r1 暫存器載入第一個矩陣的 8 個元素，並將指標移動到終點。
vld1.32  {d20-d23}, [r1]!          @ 透過 r1 暫存器載入第一個矩陣的 8 個元素，並將指標移動到終點，至此第一個矩陣的全部資料都被載入到 NEON 暫存器中了。
vld1.32  {d0-d3}, [r2]!            @ 透過 r2 暫存器載入第二個矩陣的 8 個元素，並將指標移動到終點。
vld1.32  {d4-d7}, [r2]!            @ 透過 r2 暫存器載入第二個矩陣的 8 個元素，並將指標移動到終點，至此已將兩個矩陣的全部資料載入到 NEON 暫存器中了。
```

現在載入完了兩個矩陣的資料，已經可以做完整的矩陣乘法運算了。矩陣乘法都是重複的計算過程，仍然以圖 6-16 中的運算爲例，直觀的圖形表示如圖 6-17 所示。

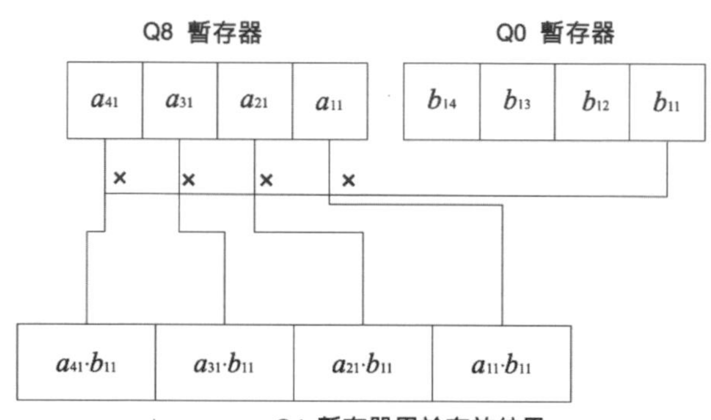

圖 6-17　NEON 暫存器運算與矩陣乘法結合

存在於 s0 暫存器中，也是 d0 的半字暫存器，同樣可以寫作 d0[0]。s0 和 q8 中的資料分別進行乘法運算，就得出了矩陣乘法過程的中間結果，b_{11}、b_{12}、b_{13}、b_{14} 全部計算完成後就得到了最後結果多項式的第一項，再計算第二項並累加到第一項，全部累加完成後得到最終結果矩陣。由於 4×4 矩陣較小，資料能夠放得下，所以完全可以在暫存器內以非常低的延時進行運算。而實際中，矩陣往往較大，手機端 224×224 的輸入也很常見。如此大的矩陣僅僅靠暫存器是無法儲存的，這就需要對矩陣進行分塊處理，主要從兩部分入手：L1、L2 快取的大小和可用暫存器的大小。合理的分塊可以大幅提升計算性能，其計算過程和上述計算思路基本一致。

參考資料

[1] David Seal. Arm Architecture Reference Manual [M]. New York: Addison-Wesley Professional, 2011.

[2] 連結 16

[3] 連結 17

[4] 連結 18

行動端 CPU 預測性能最佳化

第 3 章講到了深度學習在行動端的應用和相關的基礎知識。矩陣乘法的性能最佳化是筆者最早從事的深度學習方面的工作之一，那時主要是爲了在快速上線和維持高效能之間找到平衡。在卷積神經網路的計算過程中，卷積運算元的計算量在總計算量中佔了很大比例，在很多常見的網路結構中，這個比例甚至達到 80% 以上，GEMM（General Matrix to Matrix Multiplication，通用矩陣乘法）是計算卷積常用的一種較佳的方式，這種方式的編寫實作過程並不複雜，矩陣乘法在 CPU 上的執行性能最佳化成爲早期在行動端應用深度學習技術的最重要的課題。

隨著通用矩陣乘法的性能被充分挖掘出來，我們開始尋找其他的性能突破點。滑動視窗與 Winograd 的大規模應用帶來了又一次的性能突破，但同時也帶來了很大的工作量，我們團隊快速地從技術密集型團隊轉變成了勞動密集型團隊，每天要寫大量的組合語言程式碼取代現有的 1×1、3×3、5×5 以及 s1、s2 等各種卷積結構，但得到就是 CPU 性能得到了相當大的提升。

本章將從工具開始分享我們團隊的最佳化之路，包括不同的 CPU 最佳化方法和落地過程中的困難，例如體積和編譯耗電量等指標的控制，盡量透過本章內容呈現出行動端設備 CPU 性能最佳化地圖。

7.1 工具及體積最佳化

工欲善其事，必先利其器，好的 CPU 性能離不開一系列工具的支援。在開發過程中，我們團隊使用較多的工具有 DS-5、GDB、GProf 和 Systrace。

7.1.1 工具使用

使用DS-5除錯

DS-5（ARM Development Studio 5）是ARM針對其支援的ARM-Linux和Android平台出品的一款軟體開發套件，介面如圖7-1所示。ARM DS-5具有Debug、組合語言分析、編譯器等全套功能，這些功能收錄在Eclipse的開發工具中。

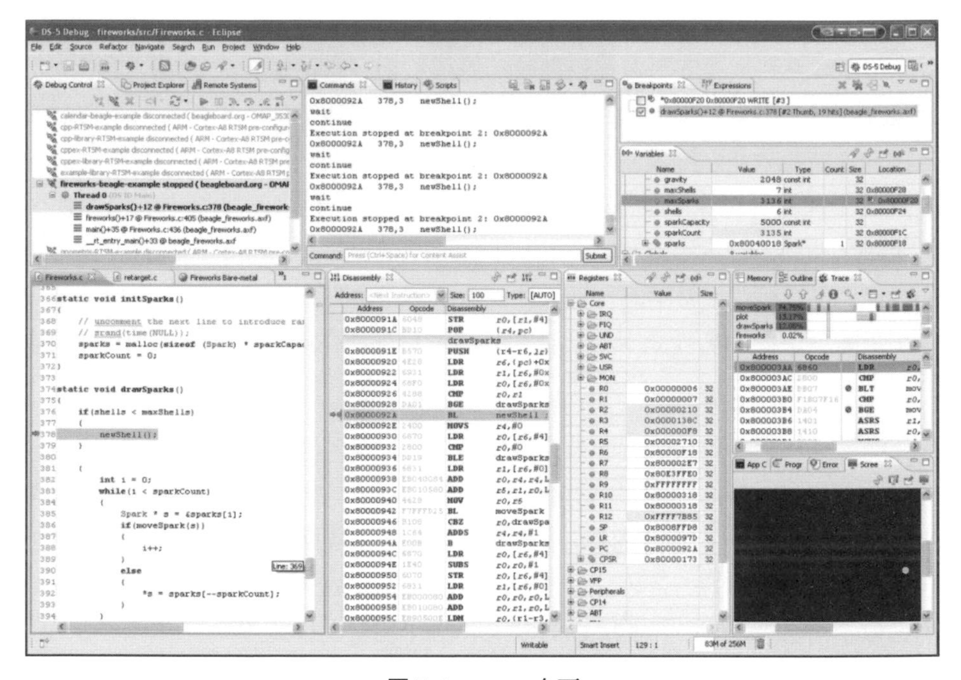

圖7-1　DS-5介面

在DS-5開發套件中，除錯器和Streamline在最佳化CPU性能時會頻繁使用。從圖7-1可以看到，在DS-5中除錯時，除錯器可存取NEON暫存器，並能夠匯出追蹤資料，還具備強大的行內組語支援能力。

Streamline則可以一步一步地查看CPU晶片上資料。以Android平台爲例，使用Streamline來分析性能主要包括以下幾個步驟。

1. 啓動Streamline，連接目標手機。Android手機如果可以root，則對除錯過程更有利；如果不能root，則可以查看資料的項目數量可能會受影響。

安裝 DS-5 後，Streamline 作爲子工具啓動，可以設置連接，如圖 7-2 所示。Streamline 透過乙太網路與目標手機進行連接。使用 Android Debug Bridge（ADB）實用程式，可透過 USB 連接或者網路連接從目標手機取得資料。

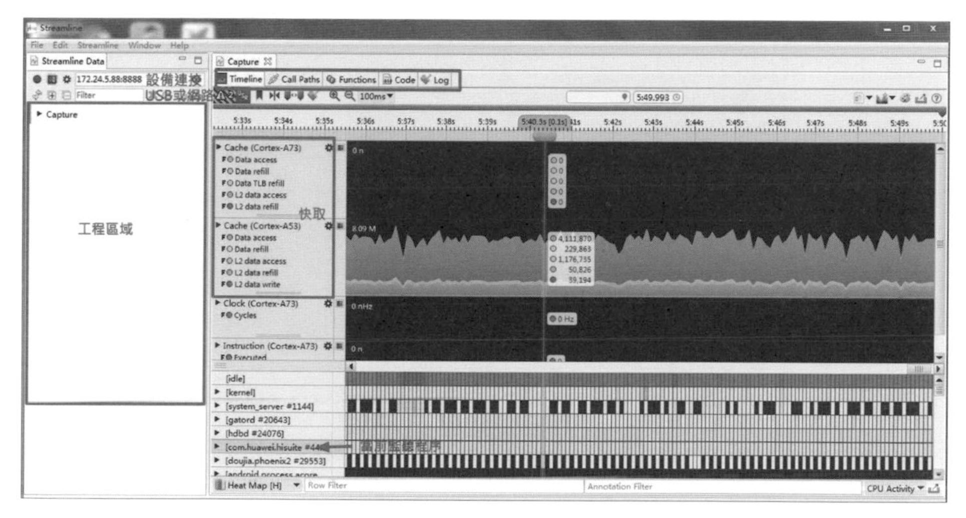

圖 7-2　Streamline 主介面

2. 設定 gator，取得 CPU 晶片上資料。CPU 晶片上的性能資料是透過 gatord 程序從 gator 內核模組中獲取的，因而需要在使用前先設定 gator，以使內核產生一些性能相關的資料，比如高精確度的 timer（hr_timer）。圖 7-3 所示爲 Streamline 計數器配置對話方塊，可以在其中選擇要監聽的資料項目。

3. 分析呼叫關係和耗時。Streamline 還可以用於分析呼叫關係和耗時（如圖 7-4 所示），這對定位網路中耗時較長的運算元有較大作用。

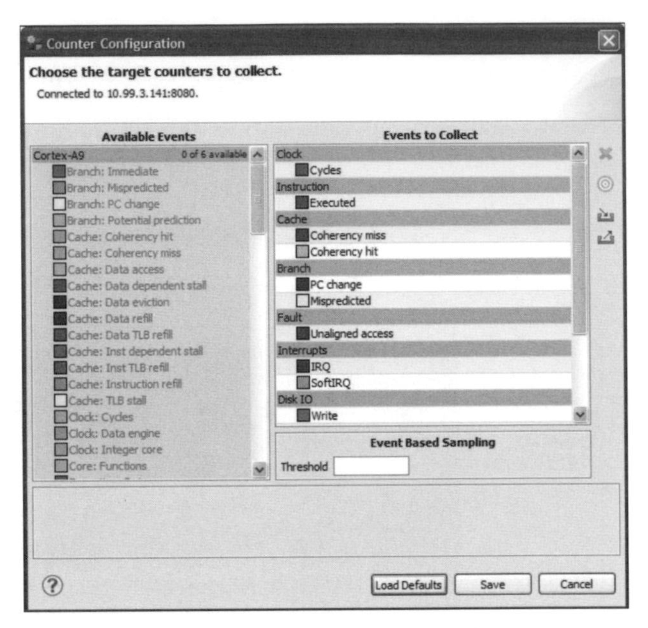

圖 7-3　Streamline 計數器設定

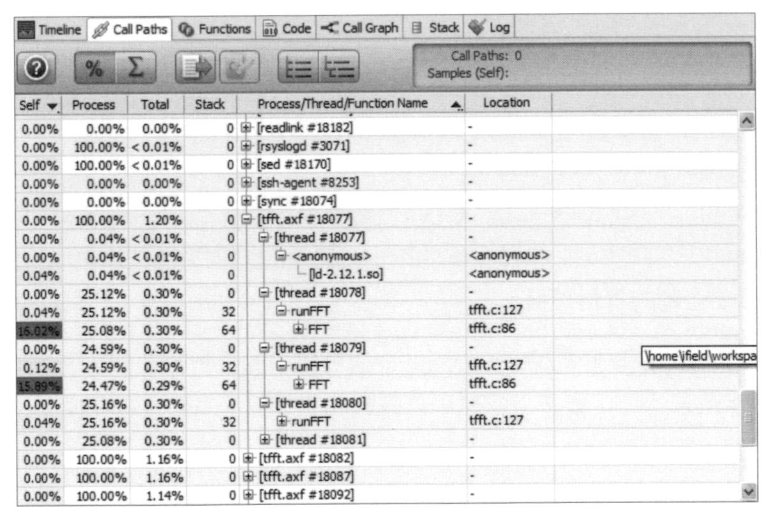

圖 7-4　Streamline 分析呼叫關係和耗時

4. 分析性能資料。使用 DS-5 中的 Streamline 模組對性能資料進行分析，以最佳化程式碼。

使用 GDB 除錯

除 DS-5 套件外，還可以使用大名鼎鼎的 GDB 進行除錯。使用 GDB 需要在編譯期做預先處理。如果想深入瞭解 GDB，可以從一些自己編寫的測試程式入手。在這種情況下，手機就是一台合適的 ARM 開發設備。如下程式碼是使用 GDB 分析組合語言的一個例子，我們使用了 GDB 的 bkpt 命令來設定中斷點：

```
.section .text
.global _start

_start:
 mov r0, pc
 mov r1, #2
 add r2, r1, r1
 bkpt
```

藉由 as 工具可以編譯組合語言檔 test.s，完成編譯和連結等過程後，開始執行，然後透過 br _start 進入中斷點。

```
$ as test.s -o test.o
$ ld test.o -o test
$ gdb test
gef> br _start
Breakpoint 1 at 0x8054
gef> run
```

進行以上的操作後，可以在螢幕上看到輸出內容如下：

```
$r0 0x00000000   $r1 0x00000000   $r2 0x00000000   $r3 0x00000000
$r4 0x00000000   $r5 0x00000000   $r6 0x00000000   $r7 0x00000000
$r8 0x00000000   $r9 0x00000000   $r10 0x00000000  $r11 0x00000000
$r12 0x00000000  $sp 0xbefff7e0   $lr 0x00000000   $pc 0x00008054
$cpsr 0x00000010

0x8054 <_start> mov r0, pc     <- $pc
0x8058 <_start+4> mov r0, #2
0x805c <_start+8> add r1, r0, r0
0x8060 <_start+12> bkpt 0x0000
0x8064 andeq r1, r0, r1, asr #10
0x8068 cmnvs r5, r0, lsl #2
```

```
0x806c tsteq r0, r2, ror #18
0x8070 andeq r0, r0, r11
0x8074 tsteq r8, r6, lsl #6x
```

查看快照可以得到非常詳細的資訊，這爲調整組合語言程式碼提供了相當大的便利性。然而這並不是GDB的全部功能，你甚至可以使用它查看暫存器內部的資訊，還記得CPSR暫存器嗎？使用GDB可以看到CPSR暫存器內部的狀態值，可以看到狀態thumb、fast、interrupt、overflow、carry、zero和negative（如圖7-5所示）。這些旗標被表示爲CPSR暫存器中的某些位元，如果該狀態被啓動，則會顯示粗體。N、Z、C、V位與x86上EFLAG暫存器中的SF、ZF、CF、OF位元對應，這些位元用於支緩組合語言級別的條件和迴圈中的條件執行。

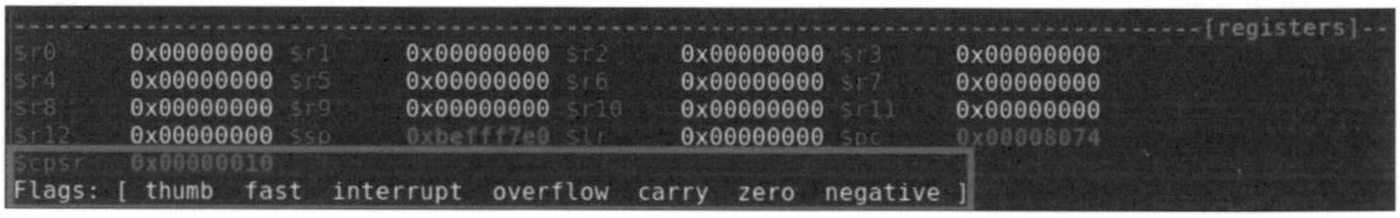

```
---------------------------------------------------------------------------[registers]--
$r0     0x00000000 $r1     0x00000000 $r2     0x00000000 $r3     0x00000000
$r4     0x00000000 $r5     0x00000000 $r6     0x00000000 $r7     0x00000000
$r8     0x00000000 $r9     0x00000000 $r10    0x00000000 $r11    0x00000000
$r12    0x00000000 $sp     0xbefff7e0 $lr     0x00000000 $pc     0x00008074
$cpsr   0x00000010
Flags: [ thumb  fast  interrupt  overflow  carry  zero  negative ]
```

圖 7-5　暫存器旗標位元

GProf

GProf是一個GNU工具，它提供了一種簡單的分析C/C++應用程式的方法。GProf可以統計出程式運作過程中各個函數消耗的時間，雖然這一功能在整合式開發環境中也可以看到，但是使用GProf在命令列中快速實驗並查看結果更有效率。其原理是程式在編譯連結時，gcc在函數中插入mcount或者_mcount等函數，用於計數。

你可以透過使用特殊旗標進行編譯來產生設定檔資訊，必須使用-pg選項編譯原始程式碼。對於逐行分析，還需要使用-g選項，然後執行編譯的程式並收集分析資料。在產生的統計資訊檔上執行GProf，最後查看資料。

使用-pg選項進行編譯時，編譯器會加入分析點位元，在函數入口處收集資料並在執行時退出。此種方式僅會修改使用者應用程式的程式碼。

某些編譯器最佳化可能會在分析時導致問題。且使用分析旗標實際上會減慢程式的速度，即時事件的互動可能會對配置程式碼的性能產生重大影響，所以在分析後要刪除除錯用的程式碼。

trace 工具：Systrace

Systrace 是 Android AOSP 中的一個子專案，Systrace 可以追蹤系統 I/O 和核心工作隊列等資料。在 Android 平台上，Systrace 和 Atrace、Ftrace 結合使用較多。

7.1.2 模型體積最佳化

第 1 章分析過，行動端框架和模型對體積格外敏感，因此在行動端深度學習框架的開發過程中，除了性能，還要時刻注意到模型體積。如果體積控制不好，會導致使用者下載相對應的 AI 功能或者 App 的時間較長，這會直接造成使用者流失。如果不對包含深度學習模型和函式庫檔案的行動端 App 進行容量最佳化，可能一個標頭檔或者一個模型檔就會佔用幾十 MB 的儲存空間。

行動端深度學習框架落地過程中的體積最佳化主要包括兩方面，一為模型壓縮，二為函式庫體積壓縮。

一般來講，模型完全可以在使用者安裝 App 並打開後離線下載，這並不會影響 APP 市集顯示的 App 的檔案大小。但是，如果離線下載的時間太長，同樣會影響使用者體驗。例如，對於一個 10MB 以上的模型，使用者手機在網路訊號很弱的環境下可能要數分鐘的時間才能下載完成。

我們團隊早期使用的模型壓縮方法是將 32 位元 float 模型映射到 8 位元 int 模型，這樣理論上可以將體積減小到原來的四分之一，在行動端下載模型後再反向映射回 32 位元 float 模型，最終執行的還是 32 位元 float 模型。實驗中發現，經過一次模型資料類型映射的壓縮後，一個 24.2MB 的模型被壓縮到了 6.4MB。還可以繼續對模型做一次 gzip 壓縮，可以將模型進一步壓縮為 4.5MB，如圖 7-6 所示。

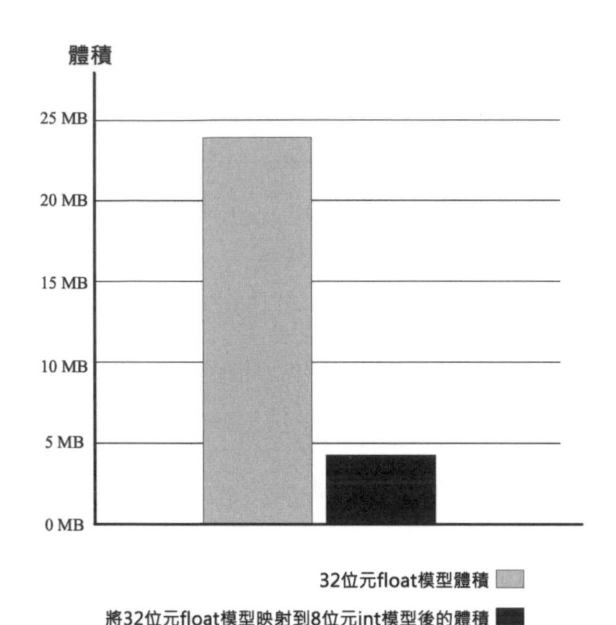

圖 7-6　伺服器端的完整深度學習框架（淺灰柱形）和行動端壓縮後的框架（深灰柱形）體積對比

不過需要注意的是，經過壓縮的模型下載到用戶端後需要解壓縮，這會增加一定的消耗時間。使用的兩度壓縮模型的精準度不能保證完全可靠，如果開發過程中的伺服器框架不能有效地配合用戶端，就需要對用戶端獨立最佳化。因爲上面的資料映射模型壓縮方法不需要其他方向的研發介入，就可以在用戶端映射和壓縮，所以被應用於早期端側 AI 開發過程中。

有一些模型壓縮方法需要行動端和伺服器端工程師配合，對兩套框架並行最佳化，否則即使對行動端的預測框架實現了一些壓縮辦法，也可能因爲伺服器端沒能提供高品質的壓縮模型而導致計畫流產。

裁剪作爲一個有效的模型壓縮方法一直被開發者關注著。深度學習網路由多層級節點連接而成，節點相連後形成邊，每條邊有權重。裁剪的原理並不複雜：由於邊的權重有大有小，如果某個邊的權重相對於全域而言比較小，則完全可以裁剪掉這條邊。每條邊是以數值型態儲存的，每個數值佔用的空間自然也是模型體積的一部分，如果能有效地剪掉無關全域的邊，就可以大幅度減小整個模型的體積。

還有一個用於模型壓縮和性能最佳化的技術叫量化。神經網路模型的參數通常使用 32 位元的浮點數儲存。在一些運算元的計算過程中，可能並不需要 32 位元的精確度。如果在模型訓練階段以 8 位元的 int 精確度儲存該運算元，就可以減小模型體積，同時提升運算速度。這種方法並不合適所有運算元，比如 sigmoid 計算過程顯然是需要浮點數參與計算的。

第 4 章提到過二進制神經網路（Binary Neural Network），它在量化的基礎上更進一步。如圖 7-7 所示，一個 32 位元權重現在只需要用一個位元來儲存，有效減小了模型體積。一些論文在提出二值神經網路的同時也提出了保留浮點數計算的觀點，即在整個訓練過程中，既保留浮點型的權重值，又保留二進位類型的權重值。

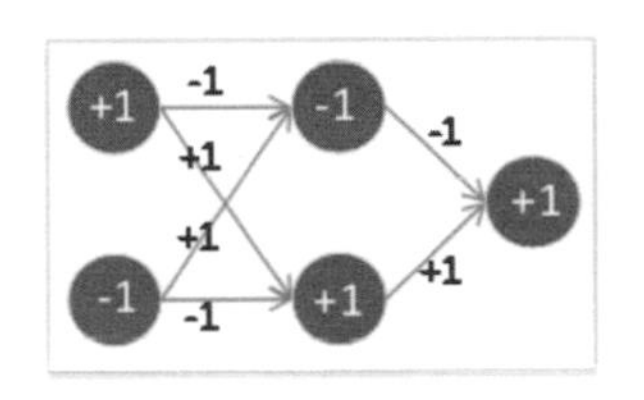

圖 7-7　二進制神經網路

7.1.3　深度學習庫檔體積最佳化

在伺服器端程式開發過程中，多數情況不需要考慮程式檔的體積，幾十 MB 的程式檔集合似乎也並沒有什麼不妥，但是行動端的函式庫檔案體積則受限較多。不管是 Android 平台還是 iOS 平台，都可以選擇離線下載的方式來下載模型檔，以減少應用程式安裝檔的體積。在 iOS 平台下，二進位的框架庫檔案在系統執行時就要和原始程式碼一併編譯，這是由於蘋果公司不允許線上更新，這一限制給函式庫檔的離線下載帶來了很大障礙。在 Android 平台下，可以選擇將 so 庫下載到使用者手機中，或者將 so 庫檔打包在 App 內，隨 App 一同發佈。

不管是哪種選擇，體積指標都是非常重要的，大型行動端應用程式對體積的要求尤其嚴苛。

在函式庫檔案體積最佳化的過程中，編譯選項是最先被筆者用到的最佳化方式。符號表會貫穿編譯過程的各個階段：詞法分析的過程會增加符號表體積，函數和變數名稱的儲存也會增加符號表體積，類型、作用區域等資訊也都會被加在符號表中。但是，這些資訊會導致函式庫檔案體積增大，需要把 release 版本中除 jni 相關介面的符號表以外的其他符號表都隱藏掉。如果使用 CMake 編譯，就可以加入如下程式碼。

```
add_definitions(-fvisibility=hidden -fvisibility-inlines-hidden)
```

隱藏了符號表的函式庫體積會大幅減小。舉例來說，總共 500KB 的檔案，僅透過最佳化符號表這一項，可能就可以將體積減小 100KB 以上。除此之外，造成體積問題的主要因素還包括 protobuf 和各類標頭檔的引入。對於 protobuf，可以使用 protobuf-c 生成範本程式碼後再手動精簡；對於標頭檔，要逐一檢查每種標頭檔帶來的體積增加量後再進行裁剪，比如我們僅僅需要用到某個工具類的單個介面，其他介面就可以裁剪掉。

另外一種體積處理方式是根據網路模型按照需求進行編譯，用不到的網路模型和運算元檔案就不參與編譯過程，這個最佳化方法已在 Paddle-Lite 中被使用，在第 8 章會介紹。

7.2 CPU 高性能通用最佳化

7.2.1 編譯選項最佳化

從 NDK r18 版本開始，LLVM 的 C++ 標準庫 libc++ 已經成爲唯一的 STL 庫。然而，LLVM libc++ 的穩定性仍然需要提升，使用其編譯多執行緒 openmp 和 exception 相關支援時都遇到了一些問題，尤其是編譯檔案過大的問題。我們團隊已經將這些問題以 issue 的方式提交給了開發人員，但仍未得到解決，這使得我們在嘗試從 GCC 轉向 LLVM 時遇到了一些挫折。截至本書寫作時（2019 年 5 月），對於注重檔案大小和穩定性的應用，在從 GCC 切換到 LLVM 時還需要慎重。

7.2.2 記憶體性能和耗電量最佳化

記憶體重複使用不僅在行動端深度學習場景下有積極作用，其他場景也同樣需要它。小塊快跑（即對記憶體合理分塊和排列分佈，這樣快取利用率更高，速度也就更快）是記憶體設計的重要原則。單次存取記憶體所需的時間是存取暫存器所需時間的 100 倍以上，因此減少記憶體存取可以有效地提升性能，同時還能降低行動裝置的電量消耗。

對記憶體的讀寫操作都會增加運作負擔，往往需要在產品落地和性能之間取得平衡。比如常見的深度學習框架都會將一個深度學習的模型抽象爲一些基本運算組成的有向無環圖，這些基本運算元也稱爲 operator 或 OP，包括常見的卷積、池化、各種啓動函數等。運算元會呼叫更底層的內核函數 kernel 來完成運算。資料其實就是在這樣的結構圖中按一定的拓撲次序流動的。運算元的設計是爲了更多地被重複運用，從工程設計來講，應該是運算元細微性越小，可重複性就越強。雖然可重複性是工程設計過程關注的重點，但是如果運算元的細微性過小，就會出現 A 運算元讀寫之後 B 運算元繼續讀寫的情況，這樣的頻繁不連續存取是很致命的。

運算元細微性過小的模型會導致頻繁地呼叫底層的 kernel 函數，這是影響性能的一個重要因素。爲了提升存取效能，一個直接的方法就是內核融合（kernel fusion），也叫運算元融合或 op 融合，就是將一個計算圖中連續的幾個 op 融合爲一個 op（如圖 7-8 所示），這樣就能夠在底層的融合 kernel 中進行連續運算，從而減少平台記憶體存取帶來的損耗。

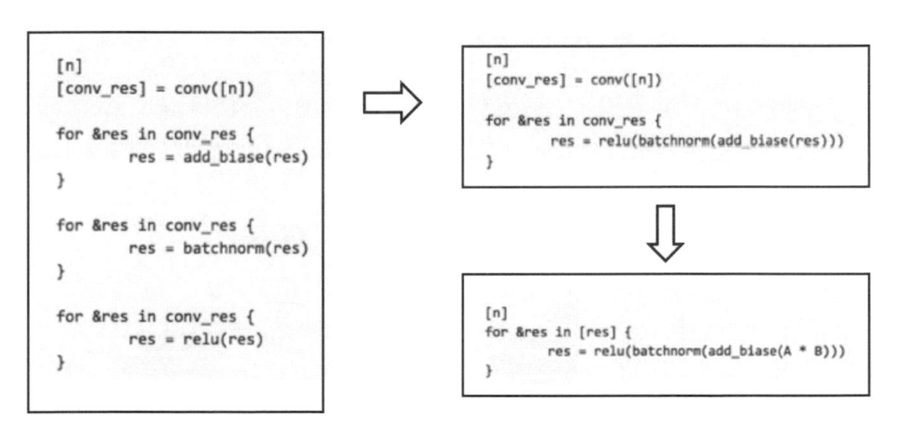

圖 7-8　內核融合操作

神經網路中的一些運算元在融合後的計算性能會得到提升，從表 7-1 可以看到，麒麟晶片同樣是 MobileNet 網路結構，融合前與融合後的計算性能差別非常明顯。

表 7-1 運算元融合前後的計算性能對比

MobileNet 麒麟 960/ARMv7	單執行緒執行時間（ms）	2 執行緒執行時間（ms）	4 執行緒執行時間（ms）
融合前	139.796	98.9725	87.7417
融合後	108.588	63.073	36.822

在深度學習框架開發中，運算元融合是最佳化記憶體性能的關鍵一步，也是能獲得較大效益的最佳化步驟。合理地管理記憶體，能將性能大幅提升，也能減少性能漏洞。在手機端，記憶體中的資料結構設計不僅會對性能產生影響，還會給敏感的耗電指標帶來直接影響。一次性存取消耗的電量要遠比 CPU 計算消耗的電量大，從圖 7-9 中的資料可以看到，加法（ADD）是最省電的運算類操作，乘法（MULT）消耗的電量大很多，存取 32 位元 DRAM 記憶體消耗的電量就更驚人了。

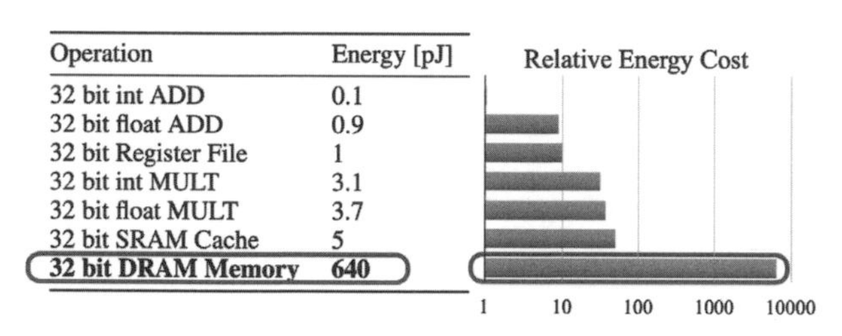

Operation	Energy [pJ]
32 bit int ADD	0.1
32 bit float ADD	0.9
32 bit Register File	1
32 bit int MULT	3.1
32 bit float MULT	3.7
32 bit SRAM Cache	5
32 bit DRAM Memory	640

圖 7-9 不同操作對耗電量的影響

更詳細的資料見圖 7-10。一般來說，存取資料和計算資料的過程越慢，耗電量也就越大，所以全力最佳化性能，能夠得到省電和程式執行更快的雙重收益。

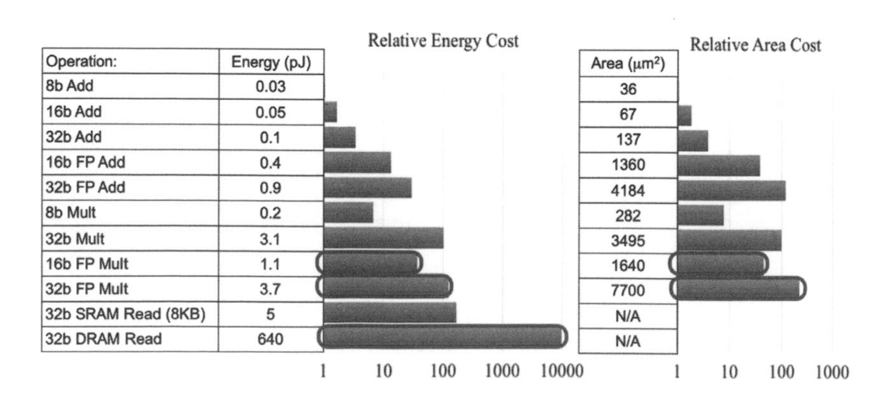

Operation:	Energy (pJ)	Area (μm²)
8b Add	0.03	36
16b Add	0.05	67
32b Add	0.1	137
16b FP Add	0.4	1360
32b FP Add	0.9	4184
8b Mult	0.2	282
32b Mult	3.1	3495
16b FP Mult	1.1	1640
32b FP Mult	3.7	7700
32b SRAM Read (8KB)	5	N/A
32b DRAM Read	640	N/A

圖 7-10 不同操作對耗電量的影響狀況

7.2.3 迴圈展開

迴圈的每次反覆運算都有一定的性能損耗。因爲條件迴圈反覆運算過程中要不斷地測試迴圈是否已經結束。爲了只會發生一次的「結束」而每次反覆運算都要檢查一下，實在「奢侈」至極。另外，反覆運算迴圈的分支指令也需要多個時脈週期才能執行完成，我們可以透過部分迴圈展開或全部迴圈展開來避免這種性能消耗。先來看一段 C++ 程式碼。

```
for (i = 0; i < 10; i++) {
    arr[i] = i;
}
```

上面這段代碼每次反覆運算都要判斷迴圈是否已終止，很多執行時間被耗在這種檢查上，總耗時會變長。我們其實可以將上面的代碼簡單地全部展開。

```
arr[0] = 0;
arr[1] = 1;
arr[2] = 2;
arr[3] = 3;
arr[4] = 4;
arr[5] = 5;
arr[6] = 6;
arr[7] = 7;
arr[8] = 8;
arr[9] = 9;
```

看到展開後的程式碼，你可能會說這太無聊了，程式碼體積增大了。但是，這樣展開之後，在部分場景和晶片中，程式執行得更快了。當然，在一些硬體平台上並非如此，例如對記憶體連續存取，迴圈程式反而可以更有效地快取指令和資料：在第一次迴圈反覆運算期間就將程式碼讀取到快取記憶體中，之後直接從快取記憶體讀取資料執行，這樣更快。與之相對，全部迴圈展開意味著程式碼只執行一次，因爲要執行的指令更多，所以可能無法全部快取指令，因而全部迴圈展開不適合展開後過大的迴圈。另外，現代 ARM 處理器具有分支預測能力，它可以在執行條件之前預測是否將進入分支，從而降低性能損耗，這種情況下全部迴圈展開的優勢就減弱了。

更好的方式是使用部分迴圈展開，它可以在指令過多和迴圈判斷損耗兩個問題之間取得一定的平衡。下面這段程式碼的功能是將 x1 中的資料逐步複製到另一個陣列 x0 中。

```
Loop_start:
SUBS x2,x2,#32
    LDP Q7,Q8,[x1,#0]
    STP Q7,Q8,[x0,#0]
    ADD x1,x1,#32
    ADD x0,x0,#32
BGT Loop_start
```

上面這段程式使用 ARM V8 指令集完成，使用 LDP 載入資料，使用 STP 儲存資料。程式碼邏輯非常簡單，迴圈反覆運算，逐個複製、儲存。然而，這種簡單的迴圈執行效率並不高，可以透過如下程式碼做部分迴圈展開，來提升一定的性能。

```
Loop_start:
SUBS x2,x2,#192
    LDP Q3,Q4,[x1,#0]
    LDP Q5,Q6,[x1,#32]
    LDP Q7,Q8,[x1,#64]
    STP Q3,Q4,[x0,#0]
    STP Q5,Q6,[x0,#32]
    STP Q7,Q8,[x0,#64]
    LDP Q3,Q4,[x1,#96]
    LDP Q5,Q6,[x1,#128]
    LDP Q7,Q8,[x1,#160]
    STP Q3,Q4,[x0,#96]
    STP Q5,Q6,[x0,#128]
    STP Q7,Q8,[x0,#160]
    ADD x1,x1,#192
    ADD x0,x0,#192
BGT Loop_start
```

以上程式使用了部分迴圈展開來提升性能。反覆運算次數減少後，單次反覆運算執行的程式碼邏輯有所增加。因為並沒有將迴圈全部展開，所以展開的消耗不是很大，可以說最大限度地減少了迴圈的性能損耗。

7.2.4 並行最佳化與管線重排

並行最佳化分爲多執行緒核與核之間資料處理，以及單核心內部並行處理。從本質上講，管線重排也是一種並行最佳化。爲了在單位時間內吞吐更多的指令，進行良好的並行最佳化是十分必要的。另外一種並行方式就是多執行緒執行，在多執行緒執行時，開啓 4 個執行緒後，理論上可以將速度提升近 4 倍，實際可能有衰減，但仍然是非常重要的手段。在使用多執行緒時要考慮到 ARM CPU 的 BigLittle 設計：追求高性能的場景應該儘量使用大核處理，追求低能耗的場景可以考慮使用小核處理。在實現良好的設計之前，應儘量避免出現同時使用大核和小核的情形，因爲那樣會導致性能控制變得複雜，反而使性能變差。

管線重排可以透過組合語言完成單核心內部的最佳化，整體性能提升 10% 左右是比較容易獲得的最佳化收益。實際考慮以下幾種最佳化策略：

- 使用同一暫存器時，根據每行指令 lantency 長度來決定排列指令的順序，比如當該行指令需要對某一個暫存器進行寫入操作時，要避免立即使用該暫存器，因爲如果此時強制使用該暫存器，會導致暫存器還沒完成寫入就被提早讀取，效能一定會有問題。應該等時脈週期大於這行指令 lantency 後，再使用該暫存器。
- 當需要連續使用同一行指令時，應考慮這條指令的輸送量，對於輸送量小的指令，需要在相同指令之間穿插其他指令，避免連續使用輸送量小的指令。
- 不同指令排序時，考慮 ARM 的管線，根據可同時執行的微指令類型與個數合理穿插不同指令，保證多種微指令並存執行。
- 選取指令時應注意，有的一條指令就可以執行多個操作，選擇這樣的指令能減少指令的總數目。
- 合理使用 pld 預載指令，提前將資料載入到快取中，這樣能提高記憶體命中率。
- 最佳化程式碼迴圈結構可實現迴圈展開策略，主要做法是減少一次 for 迴圈、爲新的 for 迴圈加入前碼和尾碼、將 for 迴圈次數減少爲原來的幾分之一，或者將 for 迴圈內部展開幾次，而不是全部展開。

輸出通道並行

在3×3 s1卷積中，同時求出2個通道，2列4行，共16個輸出。在3×3 s2卷積中，同時求出8個通道，1列4行，共32個輸出。當輸出通道增加時，卷積耗時會隨之呈線性增長趨勢，增加通道打包數可以減小曲線斜率。由於NEON暫存器數量有限，不能無限增多輸出通道打包數，所以需要考慮暫存器限制。

管線重排的關鍵就是合理地在各類指令間插入指令，使整個流程在不改變程式正確性的前提下執行更多的指令。如圖7-11的上圖所示，組語指令A強依賴組語指令C。假設該管線可以同時送出兩條組語指令B，就可以在圖7-11上圖的基礎上再插入一行指令B，得到圖7-11下圖所示的管線分布。管線在處理每行指令時都分為多級，不同的CPU所分的管線級數不同。圖7-12是一個6級管線處理過程。

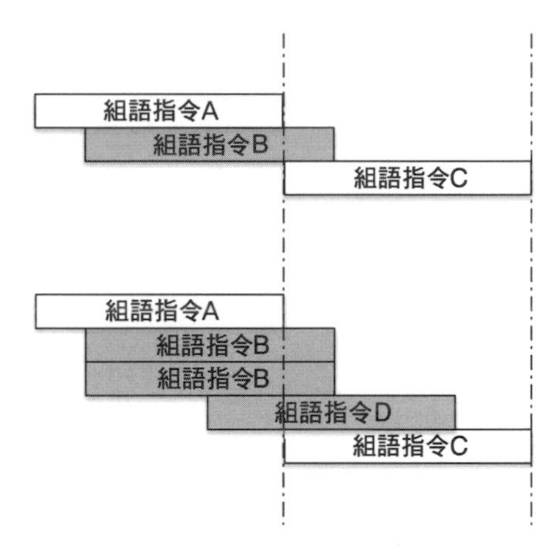

圖7-11　流水線重排對比

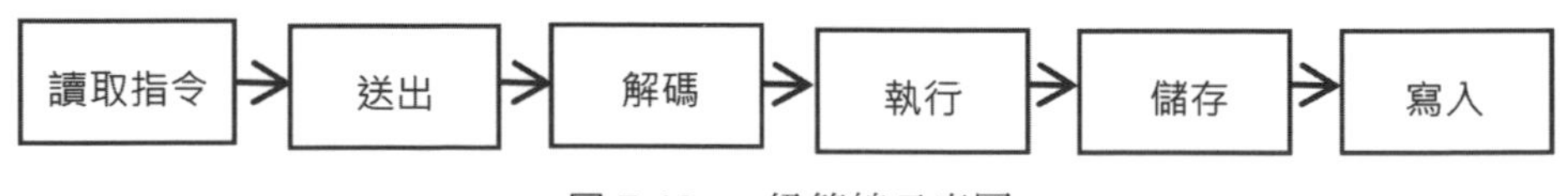

圖7-12　6級管線示意圖

如果想知道管線送出指令的寬度，可以查看諸如Arm® Cortex®-A75 Software Optimization Guide的文件檔，這是A75架構的文件檔。比如圖7-13摘自ARM的最佳化文件檔，其中Integer指令有Integer 0和Integer 1，這說明了可以同時送出兩個 Integer 指令。如果程式只執行了一條 Load 或者 Store，就可以參考圖 7-13 插入更多的指令。這一最佳化方式要視 CPU 的版本而定，因爲每種 CPU 都有一定的差別，需要根據文件提供的管線情況做出針對性的最佳化。

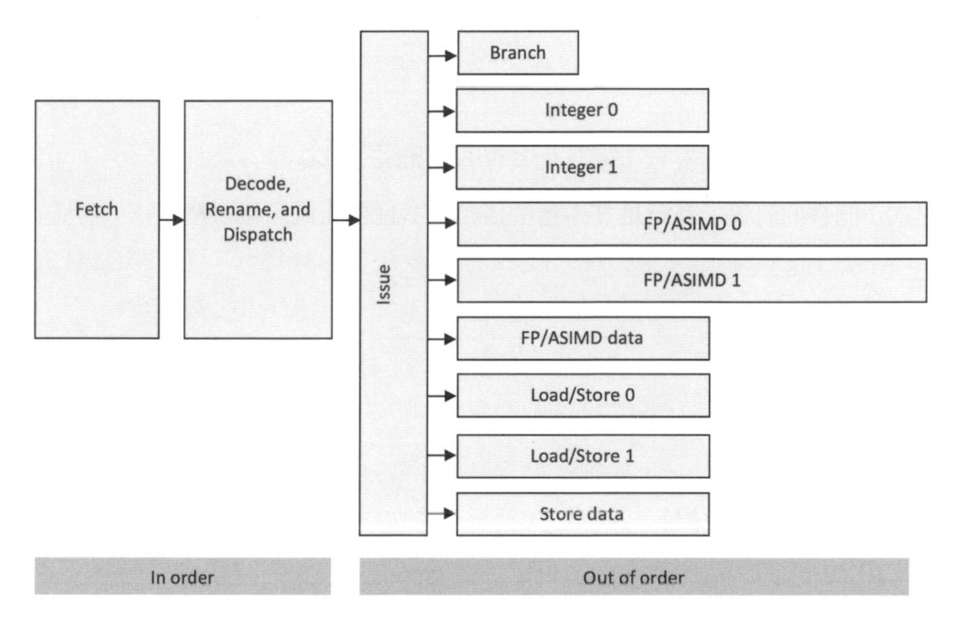

圖 7-13　A75 管線並行送出能力

7.3　卷積性能最佳化方式

一個神經網路包含諸多運算元，卷積只是其中一個，但卷積是計算量最大、耗時最長的運算元。最佳化計算性能時，最重要的一環往往就是提升卷積的計算性能。第 2 章講過如何將卷積轉換爲矩陣乘法，進而將主要精力放在最佳化通用矩陣乘法的性能上，就可以提升大部分卷積的計算性能了。我們團隊在早期最佳化過程中使用的就是通用矩陣運算（GEMM）這種方式，GEMM 的通用性較好。隨著 GEMM 的性能被挖掘得越來越充分，性能提升也變得越來越難。最佳化完記憶體融合，再最佳化完 GEMM 後，我們只能從池化等一些計算量佔比較小的運算元中尋找提升空間。

卷積的計算方式有多種，GEMM 計算方式具有良好的通用性，但是如果僅使用 GEMM 仍然是無法得到最佳性能的。除 GEMM 外，常用的最佳化方法還包括滑動視窗（Sliding Window）卷積、快速傅立葉變換（Fast Fourier Transform，FFT）、Winograd 等。不同的方法適合不同的輸入輸出場景，最佳的辦法就是對運算元加入邏輯判斷，將不同大小的輸入分別導向不同的計算方法，以最適合的方式進行運算。

接下來將更加深入地介紹這幾種最佳化方法。

7.3.1 滑動視窗卷積和 GEMM 性能對比

目前所有的主流深度學習預測框架，包括 Caffe、MXNet 等，都實作了 GEMM 方法。該方法把整個卷積過程轉化成了 GEMM 過程，而 GEMM 在各種 BLAS 庫中都是被極致最佳化的，因此一般來說，這種方法速度較快。

關於不同演算法的性能對比，我們可以先看一下資料，下面會把這些資料繪成相應的折線圖。在圖 7-14 所示的資料表中，in 代表輸入，out 代表輸出。

滑動視窗卷積（以下簡稱滑動視窗）計算方法最直觀，也容易理解，該方法就是直接移動卷積核，並和輸入資料不斷做乘加運算。這種方式雖然容易理解，但時間複雜度並不低，不過在一些場景下卻可以對性能提升起到一定作用。

那麼，什麼場景下適合使用滑動視窗，什麼場景下適合使用 GEMM 呢？兩種方法各有其優勢場景。一般來講，處理 1×1 卷積核時，結合使用滑動視窗和 GEMM 兩種方式能實現較好的性能。圖 7-15 至圖 7-20 展示的是以華為榮耀 v10 作為測試機型，分別對不同輸入資料應用 GEMM 和滑動視窗兩種方法的性能對比。

in channel	in height	in width	out channel	kernel	stride	padding	GEMM(ms)	滑動視窗(ms)	滑動視窗相比GEMM
24	32	32	6	3	2	1	0.6399	0.50524	27%
24	32	32	12	3	2	1	0.77706	0.69055	13%
24	32	32	18	3	2	1	0.6211	0.83889	-26%
24	32	32	24	3	2	1	0.66308	0.98733	-33%
24	32	32	30	3	2	1	0.7077	1.32293	-47%
24	32	32	36	3	2	1	0.75252	1.49419	-50%
24	32	32	42	3	2	1	0.82038	1.65582	-50%
24	32	32	48	3	2	1	0.85788	1.81497	-53%
24	32	32	54	3	2	1	0.94073	2.14381	-56%
24	32	32	60	3	2	1	1.02065	2.29786	-56%
24	32	32	66	3	2	1	1.05221	2.46797	-57%
24	32	32	72	3	2	1	1.29522	2.6236	-51%
24	32	32	116	3	2	1	1.75238	4.19534	-58%
24	32	32	232	3	2	1	2.76929	8.0474	-66%
24	32	32	464	3	2	1	5.16669	16.0006	-68%

圖 7-14　3×3、stride 為 2、channel 為 24 的卷積運算應用滑動視窗和 GEMM 方法的性能對比

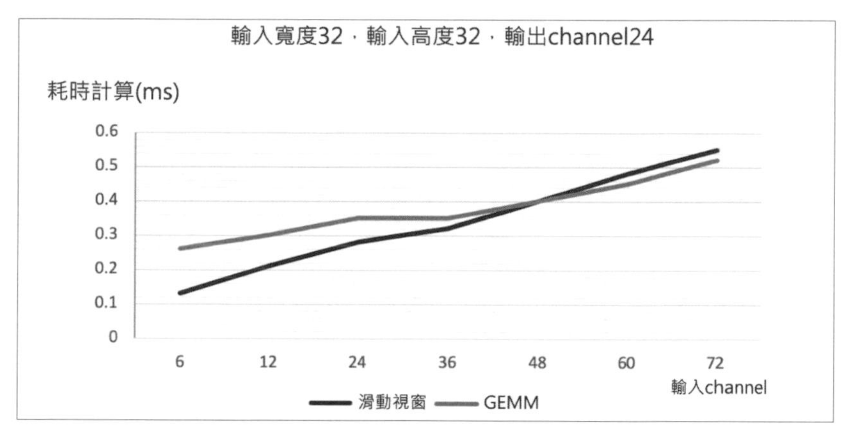

圖 7-15　32×32、channel 為 24 的卷積運算應用滑動視窗和 GEMM 方法的性能對比

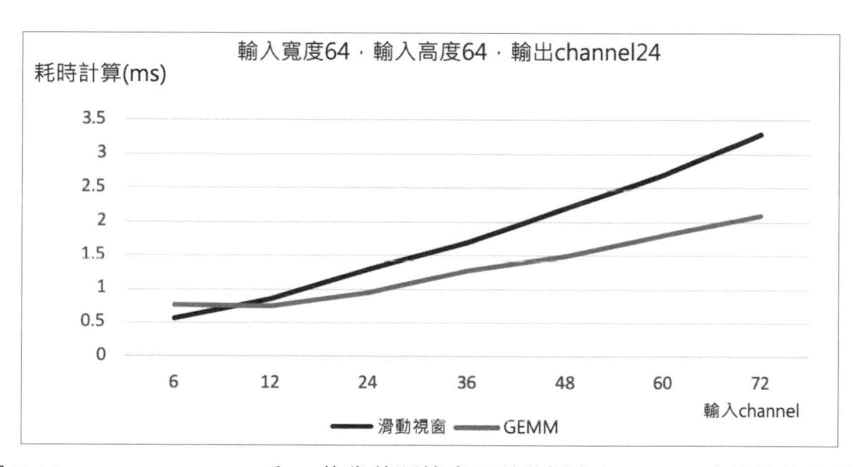

圖 7-16　64×64、channel 為 24 的卷積運算應用滑動視窗和 GEMM 方法的性能對比

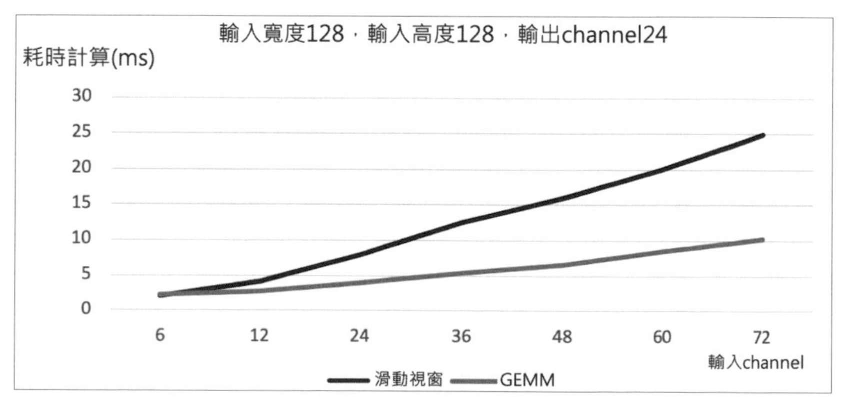

圖 7-17　128×128、channel 為 24 的卷積運算應用滑動視窗和 GEMM 方法的性能對比

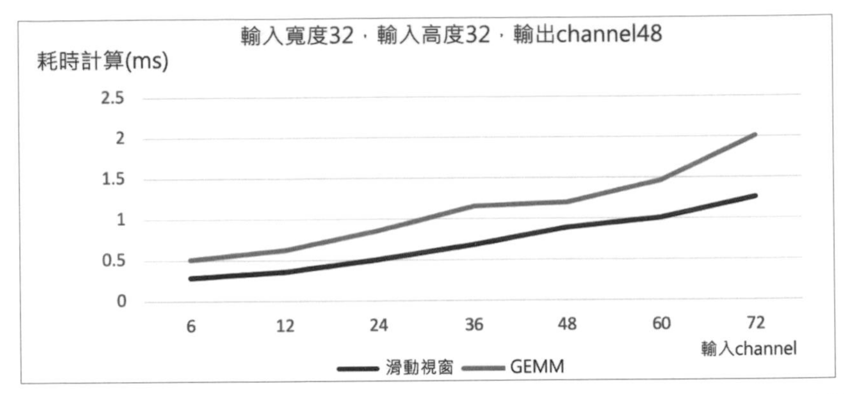

圖 7-18　32×32、channel 爲 48 的卷積運算應用滑動視窗和 GEMM 方法的性能對比

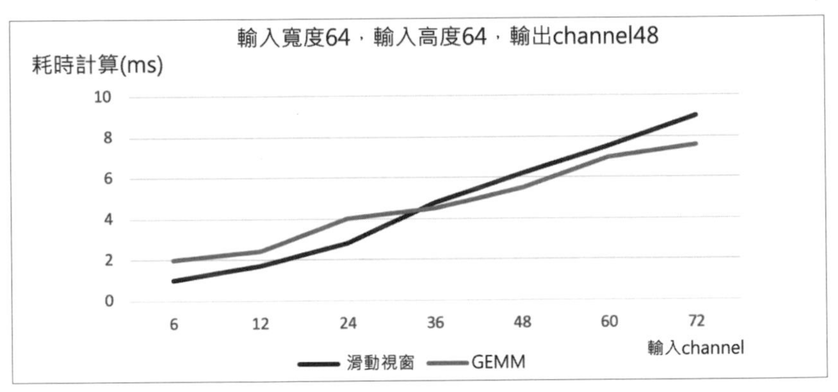

圖 7-19　64×64、channel 爲 48 的卷積運算應用滑動視窗和 GEMM 方法的性能對比

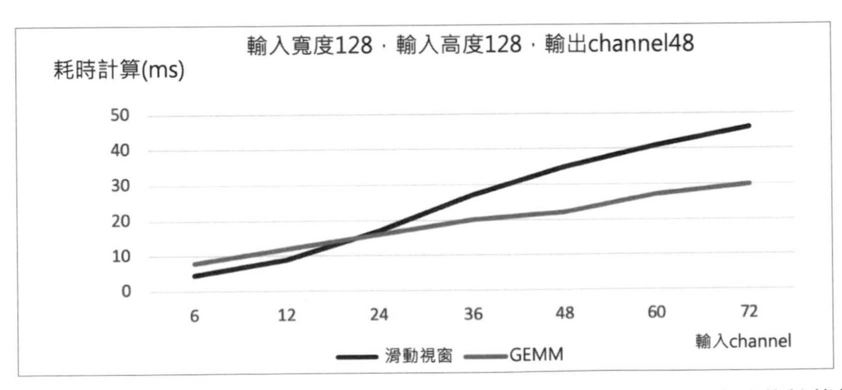

圖 7-20　128×128、channel 爲 48 的卷積運算應用滑動視窗和 GEMM 方法的性能對比

透過圖 7-15 至圖 7-20 可以看到，幾乎每種情形下，使用 GEMM 都比使用滑動視窗得到的曲線更平緩，相應的性能的整體可靠性更強。但當輸入資料的長寬較小（例如圖 7-18）時，使用滑動視窗方法的性能明顯更好（耗時更少）。一般當輸入的長寬小於 32×32 時，可以採用滑動視窗的最佳化方式。如果覺得針對機型和每種輸入輸出的情況做判斷比較麻煩，那麼大部分情況下，先使用 GEMM 方法，再使用滑動視窗方法進行補充，就可以提升一定的性能。不過從這幾幅對比圖可以看出，大多數情況下，使用滑動視窗方法的計算性能還是無法和使用 GEMM 方法相比的。

7.3.2 基於 Winograd 演算法進行卷積性能最佳化

Winograd 是存在已久的性能最佳化演算法，在大多數卷積場景中，Winograd 演算法都顯示出了較大的優勢。Winograd 演算法用更多的加法運算替代部分乘法運算，因爲乘法運算的計算耗時遠大於加法運算。Winograd 適用的計算場景是，乘法計算所消耗的時脈週期總量大於相應加法計算所消耗的時脈週期總量的場景，這時使用 Winograd 就會有正向的收益。Winograd 演算法常用在 3×3 卷積計算中。

如果以 h_0, w_0 和 h_c, w_c 分別表示輸出資料的高寬和卷積核的高寬，那麼使用 Winograd 最佳化卷積計算時，需要做的乘法次數可以用下面的公式表示：

$$\mu(F(h_o \times w_o, h_c \times w_c)) = (h_o + h_c - 1) \times (w_o + w_c - 1)$$

比如卷積核的長寬（尺寸）爲 2×2，輸出資料的長寬爲 3×3，那麼滑動視窗和 GEMM 方法需要做的乘法次數都爲 2×2×3×3=36，而按照上述公式，Winograd 方法需要做的乘法次數爲 (2+3-1)×(2+3-1)=16。一般來說，一次乘法計算消耗的時間是一次加法計算消耗時間的 6 倍，所以只要節省的乘法計算耗時大於增加的加法計算耗時，就可以獲得正向收益。具體而言，哪些場景適合使用 Winograd 方法呢？下面透過資料來分析。

圖 7-21 所示是使用 Winograd、GEMM 和滑動視窗三種方法對選定資料進行最佳化的性能資料對比。其中，in 代表輸入，out 代表輸出。

in height	in width	out channel	kernel	stride	padding	GEMM(ms)	滑動視窗(ms)	
128	128	6	3	1	1	35.0789	11.045	276%
128	128	12	3	1	1	38.9452	12.3108	130%
128	128	18	3	1	1	42.3574	14.5446	74%
128	128	24	3	1	1	45.6042	16.0928	42%
128	128	30	3	1	1	48.6369	18.0338	24%
128	128	36	3	1	1	52.466	19.2544	14%
128	128	42	3	1	1	54.9262	21.4209	4%
128	128	48	3	1	1	58.5688	22.8326	-4%
128	128	54	3	1	1	61.0643	24.7456	-10%
128	128	60	3	1	1	64.2681	26.2369	-15%
128	128	66	3	1	1	67.0708	28.401	-19%
128	128	72	3	1	1	70.5982	29.7484	-21%
128	128	116	3	1	1	99.4368	42.1771	-31%
128	128	232	3	1	1	175.06	74.3352	-43%
128	128	464	3	1	1	324.397	138.78	-49%

圖 7-21　128×128、stride 為 1、channel 為 24 的卷積運算，應用三種最佳化方法的性能對比

現將三種最佳化方法的資料繪製為折線圖，以更直觀地觀察 3×3 卷積核在不同計算方法下的性能差異，如圖 7-22 至圖 7-24 所示。可以看到，使用 Winograd 方法的性能曲線斜率極低，在適合 Winograd 方法的區間內是非常理想的最佳化方式。我們團隊用 3×3 卷積核對其他尺寸的資料也做過一些測試，發現對於 3×3 卷積的各種尺寸，Winograd 方法的性能表現都很好。不過 Winograd 也存在一些缺點，在實測中發現精確度會有微小的波動，不能保證和 GEMM 計算結果保持完全一致。Winograd 實作過程中需要注意的是乘法數量已經固定，不需要過多的最佳化，資料結構和存取等操作才是能否實現更快 Winograd 演算法的關鍵。

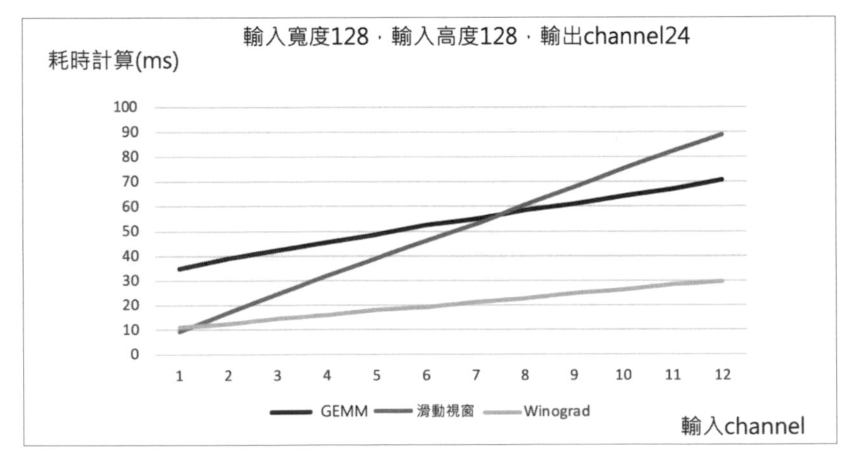

圖 7-22　128×128、channel 為 24 的卷積運算應用三種最佳化方法的性能對比

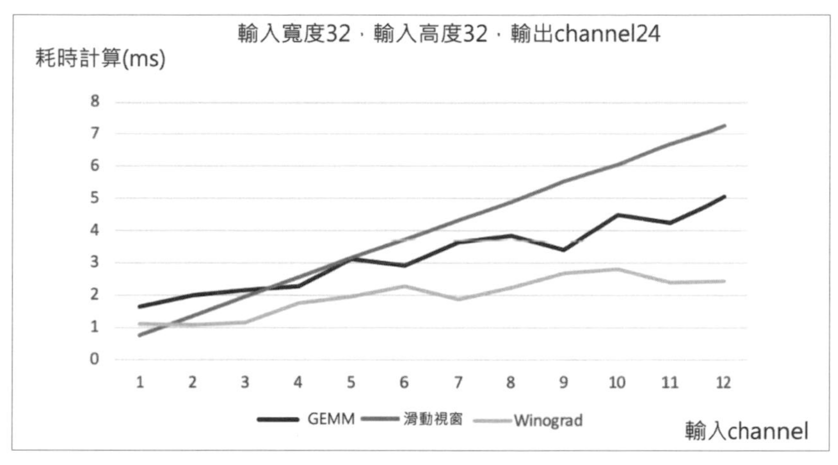

圖 7-23　32×32、channel 為 24 的卷積運算應用三種最佳化方法的性能對比

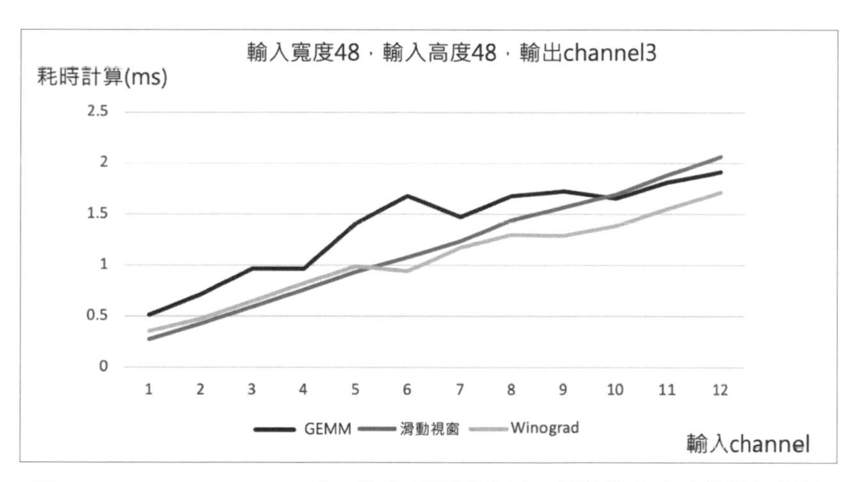

圖 7-24　48×48、channel 為 3 的卷積運算應用三種最佳化方法的性能對比

7.3.3 快速傅立葉變換

快速傅立葉變換（Fast Fourier Transform，FFT）是在經典影像處理裡經常使用的計算方法，但是通常不在 ConvNet 中使用，這主要是因為 ConvNet 中的卷積核一般都比較小，例如 1×1、3×3 等，這種情況下，使用 FFT 的時間開銷反而更大。FFT 在大卷積核並且 stride（間隔）為 1 時表現更好。

7.3.4 卷積計算基本最佳化

使用 NEON 最佳化後，輸入資料的載入量最多可以減少 60%，乘法運算量最多可減少 25%。我們以圖 7-25 所示的計算出一列輸出（4 個 output）的卷積計算爲例，當使用 C++ 逐一計算出 output 時，每計算出一個 output 需要載入 25 個輸入資料，需要做 25 次乘法，故計算出 1 列 4 個輸出需要載入 25×4 個輸入資料和 25×4 次乘法。當計算出 1 列 4 個 output 時，每次載入一列 8 個 input，其乘法利用 NEON 指令，一條指令可以同時進行 4 次乘法操作，故計算出 1 列 4 個 output 需要載入 5×8 個輸入資料和 25 次乘法。當輸入寬度不是 4 的倍數時，還需要對剩餘的幾行輸出設計新的組合語言最佳化策略。因此輸入資料的載入量最大可以減少 60%，乘法運算量最大可以減少 25%。

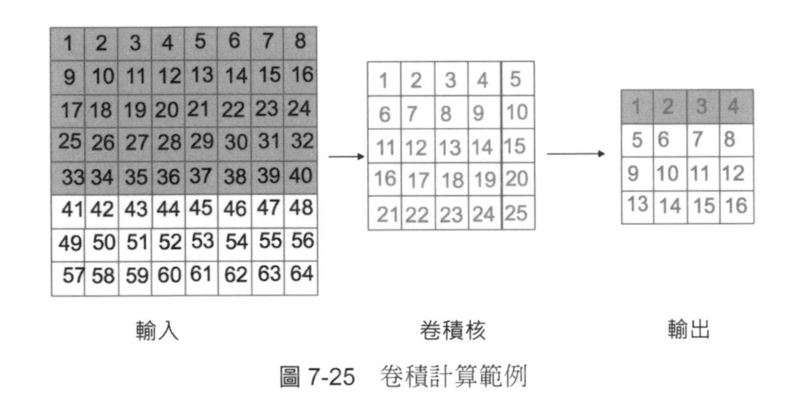

圖 7-25 卷積計算範例

與使用組合語言程式碼每次計算出 1 列輸出相比，每次計算出兩列輸出可以使輸入資料的載入量最大減少 40%（整體性能提升 13% 左右）。具體來說，逐列使用 NEON，每次載入 5 列輸入，每次計算出 1 列輸出，計算完第 1 列再求第 2 列，以此類推，此時的輸入資料載入量爲 5×8×2；如果使用 NEON，每次載入 6 列輸入，每次計算出 2 列輸出，將每一列輸入與兩列輸出相關的計算一起計算出來，載入輸入資料量爲 6×8，因此載入資料量最大減少 40%。

前面只講了無 padding 的情況，對於涉及 padding 的計算過程，需要使用更靈活的解決方案，主要有如下 3 種。

- 將 padding 加到 input 上，此方案需要重新申請記憶體。將加完 padding 的輸入作爲新的輸入進行卷積運算，其優勢是卷積速度快，缺點是記憶體浪費比較嚴重，需要增加開闢記憶體、轉存的耗損。

- Paddle-Lite 中 depthwise 原先的方案是，將輸出分爲 9 塊，分別爲 padding 的上、下、左、右、左上、右上、左下、右下部分，以及無 padding 的部分，分別求出每塊的結果；Paddle-Lite 中 depthwise 的另一個計算方法是，將上左、上右、上融合成「上」，將下左、下右、下融合成「下」，連同左、右和無 padding 的部分，一共將輸出分爲 5 塊。優點是無須額外記憶體，缺點是需要多個不同邏輯處理不同情況，當存在 padding 時，運算過程較長。
- Paddle-Lite 較新的方案是將 padding 加到卷積核上，這樣可以使用較少的記憶體開銷換取更快的運算速度，將加完 padding 的卷積核作爲新的卷積核進行卷積運算，這種方法的優勢在於計算邏輯簡單：整個輸出計算過程不需要根據不同情況透過不同的邏輯算出結果，只需要一個邏輯計算出所有情況，而且比其他方式的卷積核小。在加 padding 過程中不需要申請新的記憶體空間，以臨時陣列的形式存放就可以了，記憶體浪費較少。這種方法的缺點是，輸出指標與卷積核指針在運算過程中都要移位，當間隔爲 2 以及每次計算出 2 列輸出時，需要較多的指標變換，導致程式變得更加複雜。

7.4　開發問題與經驗總結

在實際開發最佳化中，往往在解決性能問題的過程中會出現許多其他問題。筆者將遇到的部分問題做以下匯總，希望能幫助大家在開發過程中減少不必要的麻煩。

如何選擇 ARM-v7a 和 ARM-v8

Android 系統支援 ARM-v7a 和 ARM-v8 兩種 ABI，但爲了向下相容和節省檔案，大量主流 App 的 so 庫都只支援 ARM-v7a 架構。在最佳化過程中，如果使用方對體積敏感又希望向下相容，就要考慮是否有必要在 ARM-v8 指令集上花太多精力。

性能的假象

很多主流國產 ROM 在預設配置下會對手機能量耗損做總體控制，限制耗電量過高的應用程式，如果耗電量或 CPU 指標超過其設定的閾值，程式就會被

CPU降頻，甚至會導致部分核心休眠。所以在追求高性能的同時，也要注意避免引起手機的溫度控制單元對程式發出警報。在一些廠商的手機上測試時，單獨運作Demo速度非常快，但是將高性能計算庫加入大型App中後，執行速度就會變慢。原因是大型的App資源已經較為吃緊，如果深度學習庫再參與資源爭搶，就可能產生性能低落的結果，甚至被CPU採取「強制措施」，如果被降頻或者休眠，性能最佳化得再好也是枉然。

App可以享受到的系統資源是符合嚴格等級要求的，一些手機具有遊戲空間，所以如果App在遊戲空間範圍內可以享受到非常高的資源佔用等級，性能必然會更好。講一個有趣的現象，我們團隊曾發現，如果在手機中打開效能評分軟體，所有軟體的執行性能都會飆升，速度變得極快。這是因為系統監測到效能評分軟體在執行，會暫時忽略硬體性能上限，這也是為了在和競爭對手評比時不落敗，但是這部分「額外的」性能並不是日常使用手機時可以享受到的。

另一個問題是部分新版的CPU未必比舊版的快。測試部分手機的新機型時，初始化時間長達4s~5s，且使用卡頓；而上一代產品卻只需1s~3s，且使用起來更流暢。這提醒我們，最終的性能如何，不能完全參考外部宣傳來判斷。

減少Java與C++的資料複製

在Android平台開發高性能App時往往要用到C++函式庫，此時如果記憶體中的資料被頻繁複製，會導致性能提速效果被抵消甚至變為負的。舉個例子，Java層做YUV轉RGB，以及bitmap和matrix旋轉都比較慢，類似這樣的操作都需要反覆在C++和Java程式間複製資料，所以應該儘量將類似處理放在native層用C++函式庫處理。

總之，實際開發中的問題比比皆是，解決主要的性能問題之後，還要面對諸多性能漏洞。限於篇幅，無法在這裡全部覆蓋，只有不斷在實踐中提升問題攻防能力，不斷提升自己，才能逐步駕馭整個過程。

參考資料

[1] 連結19

[2] 連結20

行動端 GPU 程式設計及深度學習框架落地實踐

大型的 App 往往會使用多執行緒技術，這會使行動端的 CPU 承擔較高的負載，如果再使用 CPU 執行深度學習框架，就會進一步加重它的負擔，導致 App 主執行緒運作卡頓和深度學習框架計算緩慢。使用 GPU 平台，可以降低 CPU 的負載，還可以提升計算性能。前面講過，卷積是計算量最大的環節，而卷積運算元在 GPU 平台可以執行得更快。本章內容與第 7 章所講的 CPU 的多種最佳化方式之間有一定的延續性，可以將 CPU 平台的一部分演算法最佳化方式遷移到 GPU，本章還會介紹基於 OpenCL 的 GPU 使用方法。

介紹完硬體加速的內容後，接下來會介紹我們團隊將深度學習技術落地到產品的過程。

8.1 異質運算程式設計框架 OpenCL

目前在行動端操作 GPU 的方式有多種，使用 Vulkan、OpenGL ES、OpenCL 都可以操作 GPU。Vulkan 是後起之秀，目前 Khronos 集團正在力推 Vulkan，這是一個集合了 OpenGL 和 OpenCL 的新協議，未來 Vulkan 取代 OpenCL 的可能性較大。但是目前，最適合行動端做快速部署的仍然是 OpenCL，一些晶片廠商也認爲 OpenCL 仍然是目前最簡單容易的行動端計算框架。我們團隊選擇的也是 OpenCL。

近年來，行動端硬體運算能力明顯提升。一些行動端設備的 GPU 線性代數運算能力也正在全面超越 CPU。OpenCL 允許開發人員跨平台呼叫行動端 SoC 中的 GPU 硬體。使用 OpenCL 可以輕鬆加速 Adreno GPU 和 Mali GPU。

OpenCL 是由 Khronos 集團開發與維護，是異構系統中跨平台並行程式設計的開放且免版權標準。它的設計方式有助於開發人員利用現代異構系統中提供的強大計算能力，並極大地促進了跨平台的應用程式開發。除 GPU 外，OpenCL 還支援 DSP 和 FPGA 異質運算。大部分手機是完全支持 OpenCL 的，少數手機呼叫 OpenCL 需要 root 許可權。

Android N 之後的版本增加了開發者呼叫系統目錄下的 so 庫範圍的限制，應用程式能否載入系統目錄下的 so 庫，取決於廠商白名單配置（通常配置所在的目錄爲 /vendor/etc/public. libraries.txt）。如果相關配置中開放了 OpenCL so 庫使用權限，則應用程式可以直接載入呼叫，否則就需要應用程式自行準備 so 庫。另外，在 Android N 之前的版本中，也存在不同機型的 OpenCL 版本不同，導致部分機型可能缺少特定方法而無法實現的情況，這會限制對行動端 GPU 的使用。OpenCL 的 so 庫和硬體直接相關，往往由廠商提供，但有的廠商支援得不夠好，或者乾脆不開放給開發者使用，這就造成了目前少部分機型無法使用 GPU 進行異質運算。

OpenCL 標準主要包含兩個元件：OpenCL 執行時 API 和 OpenCL C 語言。OpenCL 執行時 API 用於資源管理、核心管理和一些其他任務，OpenCL C 語言用於編寫在 OpenCL 設備上執行的 Kernel。

OpenCL C 語言是 C99 標準的子集。具有 C 語言程式設計經驗的開發人員可以輕鬆開發 OpenCL C 語言程式設計。C99 標準與 OpenCL C 語言之間還是有一些差異的：

- 由於硬體和 GPU 運作模型的限制，OpenCL C 語言不支援 C99 標準中的函數指標和動態記憶體分配的部分操作，例如 OpenCL C 語言不支援動態記憶體分配的 malloc 和 calloc 等函數。
- OpenCL C 語言同時也擴展了 C99 標準，它增加了內置函數來查詢 OpenCL 核心執行參數。另外，OpenCL C 語言還可以利用 GPU image 的 load 和 store 功能。

8.1.1 開發行動端 GPU 應用程式

不同廠商對行動端 GPU 的選擇不盡相同，在 Android 平台上，最主要的兩種 GPU 是 ARM Mali 和高通 Adreno；在 iOS 平台上，佔比最大的 GPU 是由蘋果公司自己設計的 GPU。理論上幾個平台都可以由 OpenCL 達到 GPU 程式設計，然而蘋果手機的 GPU 更適合用 Metal 語言開發，或者直接使用 CoreML 框架。

OpenCL 已經封裝了很多硬體實現細節，所以開發 OpenCL 應用程式並不複雜，只要瞭解頂層概念，就可以實作相對應的 GPU 計算過程。要完成一個 GPU 計算過程主要需要開發兩部分程式：應用程式碼和 Kernel 程式碼。

其中，應用程式碼的開發流程如下。

1. 調用 OpenCL API。
2. 編譯 OpenCL Kernel。
3. 分配記憶體緩衝區以將資料傳入和傳出 OpenCL 核心。
4. 設置命令佇列。
5. 設置任務之間的依存關係。
6. 設置內核執行的 N 維範圍（NDRange）。

Kernel 程式碼的開發流程如下。

1. 使用 OpenCL C 語言編寫 Kernel。
2. 設計並行處理程式，編寫並執行它。
3. 在計算設備上執行相關編譯套件，程式碼最後執行在 GPU Shader 核心上。

如果想取得更佳的性能，並成功將 GPU 用作計算硬體，就必須達到以上兩個流程。

8.1.2 OpenCL 中的一些概念

OpenCL 封裝了一些專有軟體層概念，包括與應用程式、上下文和 OpenCL Kernel 等相關的概念。

與應用程式相關的概念有：

- 存取操作
- 核心執行命令

與上下文相關的概念有：

- Kernel
- 計算設備
- Program 對象封裝
- Memory 對象封裝

OpenCL Kernel 的提交過程如下：

1. 定義內核。
2. 應用程式提交內核以便在計算設備上執行，計算設備可以是應用處理器、GPU 或其他類型的處理器。
3. 當應用程式發出提交內核的命令時，OpenCL 會建立 work-items 的 NDRange。
4. 為 NDRange 中的每個元素建立內核實例，這使得每個元素可以獨立地並行處理。

8.2 行動端視覺搜索研發

我們團隊長期從事視覺搜索的 App 研發工作，自 2015 年起，一直在探索如何最佳化視覺搜索的行動端體驗。早期是將單張圖片傳送給伺服器端，計算過程放在伺服器端。當辨識檢測全流程放在行動端後，視覺搜索的使用者體驗得到了明顯的提升，這離不開團隊的行動端深度學習技術的進步。

每一次重要的產品體驗升級，都要仰賴行動端深度學習技術的發展。百度研發的 Lens 功能提供了驚豔的視覺搜索體驗，這歸功於 GPU 計算庫的最佳化升級。在之前沒有成功研發出高效的 GPU 計算庫時，Lens 功能的設想始終無法落地和上線。mobile-deep-learning 框架被研發出來後，運用 iOS GPU 進行計算得到支援，因此 Lens 功能優先在 iOS 平台上線了。而在 Android 平台，直到計算庫支援 Mali GPU 和 Adreno GPU 之後，Lens 功能才從設想變為實際。

可以從百度 App 的視覺搜索入口（即搜索框右側的相機按鈕，如圖 8-1 所示）進入視覺搜索介面，體驗 Lens 功能，圖 8-2 展示了使用 Lens 功能搜索相似圖的結果頁。

現在的 Lens 功能其實是經過了多次大規模反覆運算開發形成的。接下來就回顧一下這些升級過程，同時瞭解一下行動端深度學習技術的發展脈絡。

圖 8-1 視覺搜索入口

圖 8-2 搜索相似圖結果頁

8.2.1 初次探索行動端 AI 能力

2015 年年初，使用者使用視覺搜索功能時，首先需要手動拍照，然後將拍攝的圖片資料傳送到伺服器端，伺服器端會解析到對應的圖片的類別，如圖 8-3 所示。伺服器返回結果後會跳轉到一個 H5 頁面，這樣就完成了一次視覺搜索。

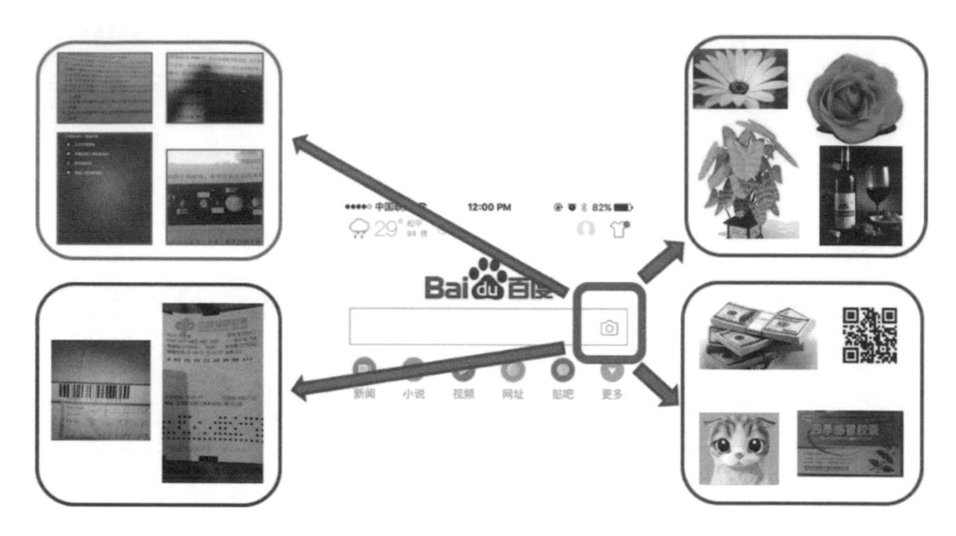

圖 8-3　多類別視覺搜索

這樣的視覺搜索功能在行動端存在一些弊端。因爲計算過程依賴伺服器，所以在伺服器回傳結果之前，用戶只能等待，而手機的上傳和下載都是序列通訊，時間消耗非常大。搜索一張圖片要經歷傳輸與伺服器端計算兩個環節，才能完成整個流程，另外還有圖片壓縮等時間消耗。網路環境不夠好的情況下，視覺搜索的整個過程會超過 8s。對於使用者來講，進行一次視覺搜索的成本顯然太高了，這就導致使用者使用視覺搜索的意願不強烈。

8.2.2　取消快門按鍵，提升視覺搜索體驗

爲了給使用者提供更好的視覺搜索體驗，我們團隊一直在琢磨視覺搜索技術和產品體驗，我們是從降低使用者拍照操作的複雜度入手的。每次進行視覺搜索之前，使用者要一邊看著快門按鍵，一邊看著要拍的物體。然而我們只有一雙眼睛，沒辦法同時聚焦兩個物體，來回切換視覺焦點會降低拍照的自由度。如何提升拍照過程中的流暢感呢？我們開始思考一個看似哲學性質的問題：拍照一定要使用快門嗎？

快門的作用是讓使用者告訴 App：現在我準備好了，可以拍照了。如果沒有按下快門鍵，也能讓 App 知道使用者準備好了，就可以直接拍照並進行視覺搜索了。由於拍照的時候手機一定是靜止不動的，於是我們嘗試使用陀螺儀和加速器來判斷手機的狀態，如果使用者的手機不移動、方向不變並持續兩秒以

上，就認爲使用者準備拍照了，這時會自動拍下照片。這樣就取消了快門，使用者體驗得到提升。

8.2.3　使用深度學習技術提升視覺搜索速度

取消快門解決了一部分流暢性的問題，8.2.1 節還提到另一個問題，即速度慢，這有兩大原因：

- 圖片檔案較大，網路傳輸過程時間過長。
- 伺服器計算過程耗費時間較長。

先來看第一個原因：一般文字搜索的系統架構中，使用者以文字資訊發起搜尋要求，而在視覺搜索中，傳輸的是圖片資料，這會造成傳輸的檔案過大，直接導致傳輸時間變長。

解決之道就是減小傳輸的資料量，即減少圖片檔案容量。

減少圖片檔案的直接方法是壓縮原圖，但是如果壓縮的比例過大，就會導致圖像的辨識效果變差，所以這種方法只能適當使用。

從另一個角度思考：使用者拍照搜索是爲了知道圖片中目標物體的詳細資訊，而不是圖片中的所有資訊。如果能精確地知道使用者想瞭解的是圖片中哪些位置的資訊，就可以忽略圖片中的其他部分，進而使傳輸的圖片減少檔案大小。這就需要使用行動端深度學習技術來理解圖片，找到眞正有意義的主體並進行搜索，這一過程就是深度學習中常見的概念——主體檢測，在第 1 章提到過。

再來看第二個原因：伺服器計算過程所耗費的時間較長。團隊在討論後發現，如果能解決主體檢測的難題並落地應用，就可以有效減少輸入的圖片尺寸。也就是說，在行動端完成部分運算的同時，也能避免伺服器端計算量過大。所以，如果主體檢測設計能在行動端完成，AI 就可以進一步助力從 App 到伺服器的整套架構提升速度。

從那時起，我們團隊開始了跨越 4 ～ 5 個年度的行動端 AI 最佳化工作，最初介入這個方向時，可謂“人跡罕至”——當時我們在國際會議上分享相關經驗時，關注的人很少。2016 年以後，我們在各類技術會議分享後，和我們探討

CPU、GPU、FPGA 等硬體的 AI 程式最佳化細節的朋友越來越多，說明這個方向受到了越來越多的關注。到 2019 年 5 月，業界已經在大規模應用行動端深度學習技術了。如圖 8-4 所示是行動端開發能力進化路線圖。

圖 8-4　行動端開發能力進化路線

在 2015 年的時候，要讓行動端 App 增加主體檢測的能力，並非容易。當時還沒有成熟的開源行動端深度學習框架，專案在上線過程中需要考慮很多問題，可以概括爲以下幾點。

- 記憶體：行動端的記憶體有限，如果執行期間佔用記憶體過多，就會導致一些連帶問題。
- 耗電量：因爲行動裝置的電量有限，所以耗電量多少是使用者很看重的一項 App 體驗指標。
- 依賴庫大小：開發完好的依賴庫二進位程式體積不能過大，如果過大，就會造成 App 打包後的檔案過大。
- 模型大小：在一般伺服器端，模型體積達 500MB 是比較正常的，但是在行動端，模型體積不能超過 10MB，否則會造成下載時間過長，降低使用者的使用意願。另外，過大的模型體積對記憶體也是一大考驗。

- 加密問題：每個互聯網企業都會將模型資料視爲重要資料，保密模型一旦洩露便會造成損失，因此必須設計好一個完善的模型加密功能。

以上這些問題都是在當時環境下需要直接面對的問題。幸運的是，我們團隊最後全部解決了這些問題，並在 2016 年年中成功開發出了主體檢測功能，率先在 App 中大規模應用了深度學習技術。本章後半部分會集中分析這些難點問題，並分享我們團隊的解決方案。

這裡還要說明一點，之前的爲了最佳化而取消的快門按鍵，這裡爲了滿足不同使用者的需求，最後還是保留了快門按鍵，只是已經完全可以不使用快門來觸發視覺搜索了，使用者只要將相機鏡頭對準物體，App 就會自動識別物體的位置和大小，同時發起請求。我們稱這個功能爲單主體自動拍（如圖 8-5 所示），隨後幾個月，在淘寶等 App 中也應用了類似的功能。我們當時使用的是 GoogLeNet v1，那時還沒有 MobileNet 系列，且 SqueezeNet 模型的效果也不如 GoogLeNet 好。

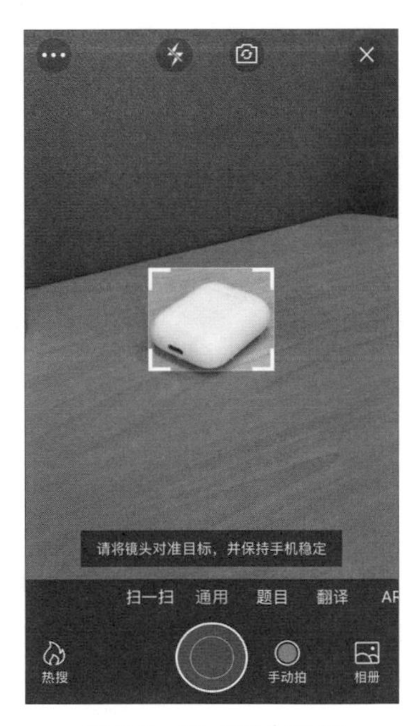

圖 8-5　單主體自動拍

8.2.4 透過 AI 工程技術提升視覺搜索體驗

在完成了一個基本功能可使用的版本上線後，下一步工作是繼續透過 AI 工程技術來提升 App 體驗。我們很快發現在第一個版本的單主體自動拍攝功能中存在一些問題，主要包括兩個方面：一是速度不夠快，當時的運算絕對依賴 CPU，只能透過大量的 CPU 最佳化來解決，而這部份又沒有現成的開放原始碼可以參考；二是程式結構無法擴充，當時為了快速上線，我們簡化了一些開源框架的程式碼，以使其更加符合工程要求，提升開發效率和體驗，但也導致無法擴充。

於是我們決定開發一套支援 ARM CPU 和 iOS GPU 計算的全新框架，這樣雖然會增加許多工作量，但是能從根本上解決一些歷史問題。

最後，我們將專案命名為 mobile-deep-learning，簡稱 MDL，是一個基於卷積神經網路實作的行動端框架，目的是讓卷積神經網路能夠很簡單地部署在行動端，力求使用簡單、檔案小、速度快。支援 Caffe 模型的 MDL 框架主要包括如下模組，如圖 8-6 所示。

- 模型轉換（MDL Converter）模組，主要負責將 Caffe 模型（Caffe Model）轉為 MDL 模型（MDL Model），同時支援將 32 位元浮點數類型的參數轉化為 8 位元 int 參數，進而高度地壓縮模型體積。
- 模型載入（Loader）模組，主要完成模型的反量化及載入校驗、網路註冊等過程。
- 網路管理（Net）模組，主要負責網路中各層（Layer）的初始化及管理工作。
- 矩陣運算（Gemmer）模組，負責矩陣乘法等運算過程。
- 供 Android 端呼叫的 JNI 介面（JNI Interface）層，開發者可以透過呼叫 JNI 介面輕鬆完成載入及預測過程。

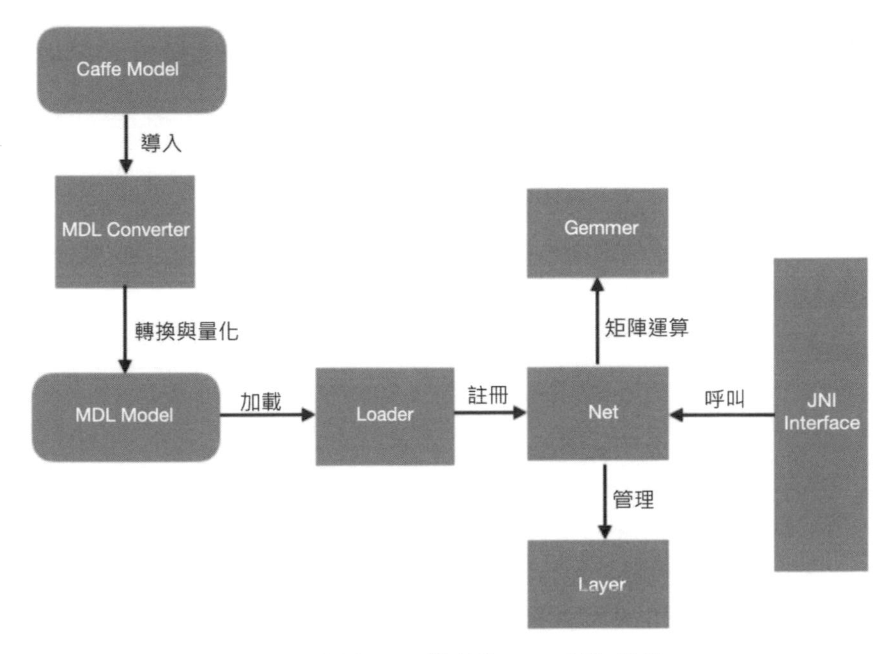

圖 8-6 支援 Caffe 模型的 MDL 框架設計

在程式實作的過程中，我們加入了兩個重要的最佳化項目：

- 首次導入了 NEON 技術，這使得 CPU 執行速度明顯提升。在自動拍攝的初期版本中的延遲等待問題得到解決。
- 首次在 iOS 平台讓設備的 GPU 參與運算，這一嘗試直接加快了 iOS App 的深度學習預測速度，也對後來的很多 AI 功能調校有幫助。隨著手機設備 GPU 的運算能力逐步提升，可以說這樣的最佳化打開了端側 GPU 運算的大門——我們在當時並沒有意識到這一點。

經過內部申請和討論，我們團隊於 2017 年 9 月 25 日在 GitHub 上開放了行動端深度學習框架 mobile-deep-learning（MDL）的全部程式碼及腳本，之後也收到了大量的寶貴意見，我們團隊快速地處理並解決了其中的許多問題。

MDL 專案目前已經被遷移到“連結 21”上。

8.3 解決歷史問題：研發 Paddle-Lite 框架

解決了靜態單張圖片快速搜索的問題後，需要馬不停蹄地繼續尋找下一個提升體驗的點。在繼續探索中，團隊發現了兩個新問題：

- 問題一，App 標識出來的物體不一定是使用者想要瞭解的那個物體，而且即使畫面中有多個物體，App 也只能強制標識出其中一個，其他物體無法被選擇出來。
- 問題二，既然快門可有可無，那麼是否還需要有拍照這個動作帶來的延遲？使用者對準物體後，直接在相機中標識結果，這樣的體驗不是更流暢嗎？

關於問題一，並不需要過度複雜的設計，只需要將行動端嵌入的深度學習模型從單主體檢測模型變更為多主體檢測模型，並在此基礎上加入分類模型，就能同時標識和框選出多個主體了。

關於問題二，我們在解決過程中遇到一個難題。

當時已經研發了 mobile-deep-learning，且可以在手機端的 CPU 上穩定執行深度學習預測計算。但是，App 主執行緒已經佔用了大部分的 CPU 可用資源，此時只能拿到少得可憐的 CPU 資源去做深度學習預測計算，還要 CPU 將功耗指標維持在很低的水準。當時有兩種方案可以選擇，一種是在 CPU 平台最佳化且相持到底；另一種是在最佳化 CPU 的同時啓動 Android GPU 的研發。

由於常見的非遊戲類 App 產品對 GPU 的佔用並不多，普通的 UI 渲染給 GPU 帶來的負載也較低，所以完全可以合理挖掘 GPU 計算資源，進而在計算性能和業務所需之間取得平衡。於是團隊開啓了 Android GPU 相關的研發工作。隨著討論的深入，我們也發現了 mobile-deep-learning 的一些歷史弊病。為了徹底革除前弊，我們決定從零設計並開發一套全新的行動端深度學習框架——Paddle-Lite。

為了和全公司的體系整合，Paddle-Lite 放棄了對 Caffe 的模型支援。作為百度深度學習平台 PaddlePaddle 組織下的專案，Paddle-Lite 致力於嵌入式平台的深度學習預測，解決深度學習落地嵌入式行動端平台的障礙。Paddle-Lite 的設計避免了 mobile-deep-learning 中的一些問題。行動端框架開發完成後，模型的訓練任務被交給 PaddlePaddle，在伺服器端進行，Paddle-Lite 則專注於行動端預測。

Paddle-Lite 的設計思想和 PaddlePaddle 的最新版 fluid 保持了高度一致，Paddle-Lite 能夠直接執行 PaddlePaddle 新版訓練的模型。同時，Paddle-Lite 針對嵌入式平台做了大量的最佳化。嵌入式平台計算資源有限，對模型體積敏感，使用者使用時又很在乎即時性，所以必須針對各種嵌入式平台挖掘極限性能。

圖 8-7 所示是 Paddle-Lite 的整體架構圖。最上面一層是它提供的一套非常簡潔的預測 API，服務於百度眾多矩陣 App。第二層是其工程實現，Paddle-Lite 目前支援 Linux-ARM、iOS、Android、DuerOS 平台的編譯和部署。底層是針對各種硬體平台的最佳化，包括 CPU（主要是行動端的 ARM CPU）、GPU（包括 ARM 的 Mali、高通的 Andreno 以及蘋果研發的 GPU），另外還有 PowerVR、FPGA 等平台。這一層會針對各種平台實現最佳化後的運算元，也稱爲 Kernel，它們負責底層的運算。

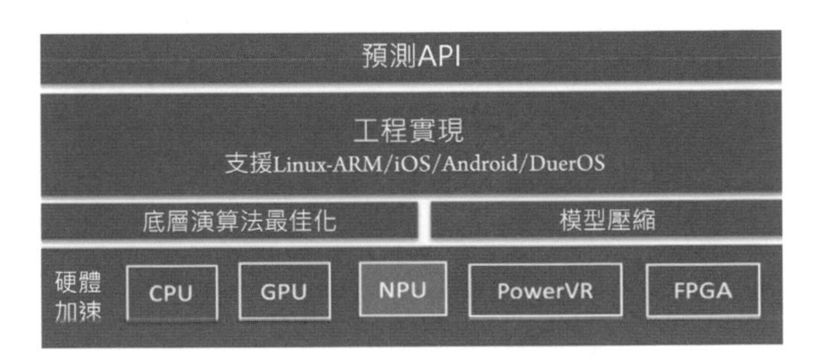

圖 8-7 Paddle-Lite 的整體架構圖

因爲經過了重新編寫和設計，所以 Paddle-Lite 具有一些非常明顯的優勢。對於程式碼和編譯後的結果，都考慮到了體積的影響，最後得到的程式碼和二進位檔案都有相當小的體積，精而簡的庫文件非常適合行動端部署。

8.3.1 體積壓縮

Paddle-Lite 從設計之初就深入考慮了行動端的套件體積問題，CPU 實現中沒有外部依賴。在編譯過程中，對於該網路不需要的 op，是絕對不會被編譯到最終依賴庫中的。同時，編譯選項最佳化也爲體積壓縮提供了幫助。Protobuf

是主流框架使用的格式協議，如果放棄對 Protobuf 的支援，則需要由開發者負責轉換模型的工作，於是 Paddle-Lite 團隊將 Protobuf 產生的文件重新精簡化，逐行重寫，得到了一個體積只有幾十 KB 的 Protobuf，這比 Protobuf lite 的體積小很多。為開發者帶來了一鍵執行的可行能力。除了二進位檔案的體積，Paddle-Lite 也盡量避免讓程式碼檔案過大，所以整個倉庫的程式碼體積也非常小。

編譯 Paddle-Lite 的 CPU 版深度學習庫，考慮到一些工程師在開發過程中會對 App 套件體積有要求，Paddle-Lite 在編譯執行時可以加入固定的網路參數，例如，googlenet 選項只會將和 googlenet 相關的 op 導入，不會編譯其他程式碼，這樣就減少了套件體積。

```
sh build.sh android googlenet
```

在 mobile-deep-learning 的開發過程中，為了減少體積、節省空間，我們去掉了 Protobuf 依賴。但是後來發現，這樣雖然減少了體積，卻喪失了很多便利性，畢竟主流的很多框架都是以 Protobuf 作為資料轉換協定的。在 Paddle-Lite 的開發過程中，我們採取了一個兩全其美的辦法，保留對 Protobuf 格式的支持，同時手動重建了原來由框架產成的程式碼檔，經過重建精簡的程式碼套件體積大幅減少，整個 Protobuf 功能的體積不到 100KB。還是從精簡方面考慮，我們去掉了 PaddlePaddle 中的 Place 相關概念。

8.3.2 工程結構編寫前重新設計

Paddle-Lite 在載入模型過程中考慮到了 op 融合和圖像最佳化等操作，進一步提升了深度學習庫的程式碼簡潔性和高性能。圖 8-8 是我們團隊在專案早期設計的 Paddle-Lite 基本結構圖，可以看到 PaddlePaddle fluid 模型剛開始載入就進入了 Loader 處理環節。

從圖 8-8 中能看到，各功能點組合起來後的結構非常簡單，所以專案初期的程式碼量並不大，但是各項功能都具備，可謂“麻雀雖小，五臟俱全”，很適合行動端。如果想更深入細緻地瞭解深度學習框架程式，可以從以下幾個概念入手去瞭解，同時也有助於理解現在程式碼量已經很大的 Paddle-Lite 工程。

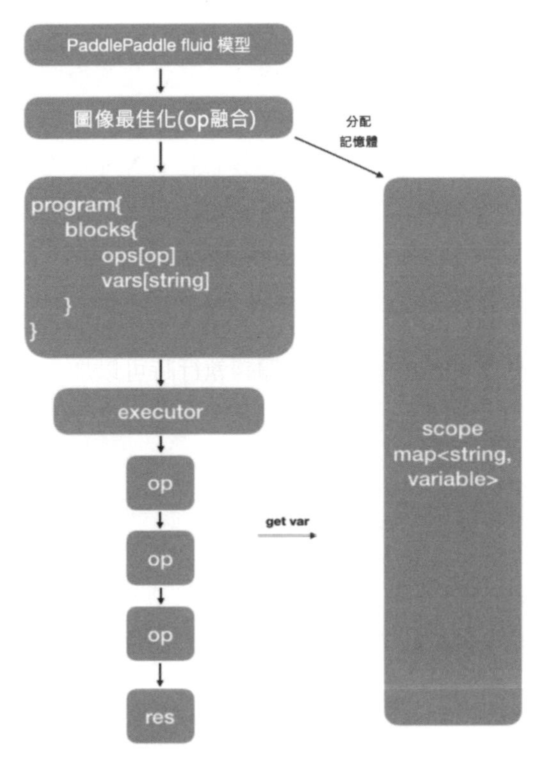

圖 8-8 行動端深度學習框架 Paddle-Lite 的早期結構圖

- 圖像最佳化部分：在讀取模型後加入圖像最佳化部分，將細細微性 op 運算元合成粗細微性 op，這個過程也常被稱為 op 的 fusion。經過圖像最佳化後，將資料轉換到 PaddlePaddle fluid 的模型表現形式。
- 記憶體最佳化：在圖像最佳化過程中分析記憶體共用，在可加入記憶體共用的部分加入記憶體共用，並對記憶體排列等操作也一併最佳化。經過調整後的記憶體分配釋放策略對性能提升有很大的幫助。
- 程式碼中 Load 過程的實現：上面提及的圖像最佳化也正是在 Load 模組中進行的，且包含轉換操作。
- Tensor：用以配合圖像最佳化和記憶體共用。

接下來從更細化的介面視角來分析行動端深度學習框架。儘量簡化介面層的設計是這個過程的目標。

Paddle-Lite 運作的模型是 ProgramDesc 結構的，所以 Paddle-Lite 保留了 PaddlePaddle fluid 的一部分設計結構和概念，又對各個模組進行了重寫，使程式碼更輕量，更適合在行動端執行，程式碼結構如圖 8-9 所示。在重寫過程中，我們捨去掉了一些在行動端不需要的概念，以提升速度和壓縮體積。下面程式碼呈現了圖 8-9 中的幾個概念（如需閱讀全部源程式碼，可參考“連結 22”）。

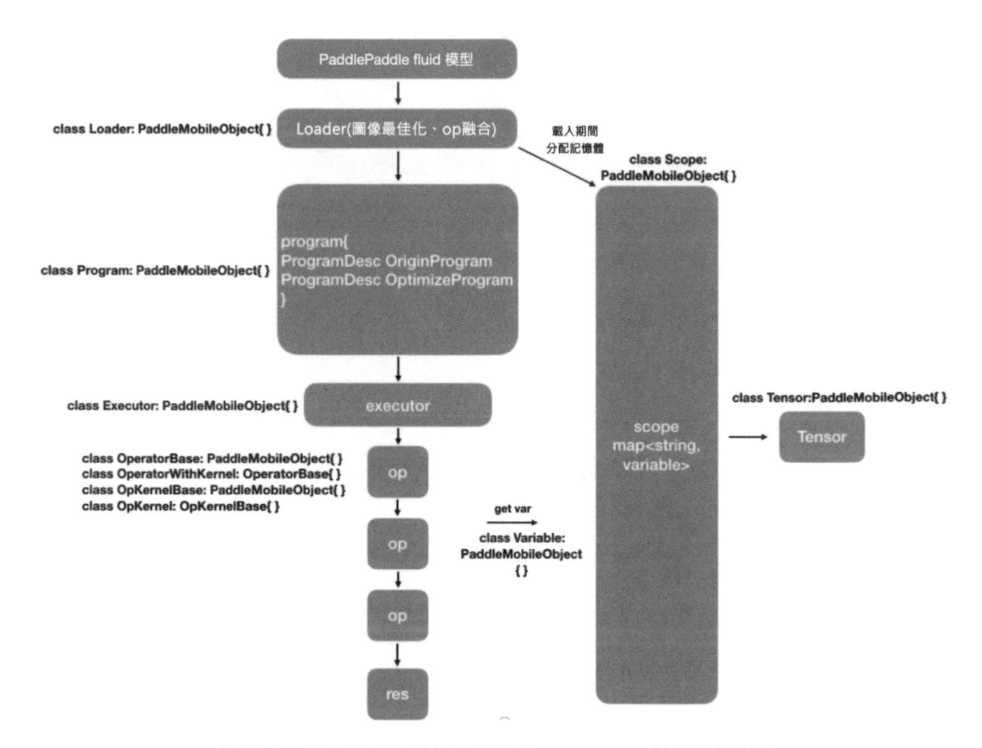

圖 8-9　行動端深度學習框架 Paddle-Lite 的代碼結構

```
//Loader
class Loader: PaddleMobileObject{
public:
    const framework::Program Load(const std::string &dirname);
};

//Program
class Program: PaddleMobileObject{
public:
    const ProgramDesc &OriginProgram();
    const ProgramDesc &OptimizeProgram();
```

```
private:
};

//ProgramDesc
class ProgramDesc: PaddleMobileObject{
public:
    ProgramDesc(const proto::ProgramDesc &desc);
    const BlockDesc &Block(size_t idx) const;
private:
    std::vector<BlockDesc> blocks;
    proto::ProgramDesc desc_;
};

//BlockDesc
class BlockDesc: PaddleMobileObject{
public:
    int ID() const;
    int Parent() const;
    std::vector<VarDesc> Vars() const;
    std::vector<OpDesc> Ops() const;
private:
};

//OpDesc
class OpDesc: PaddleMobileObject{
    const std::vector<std::string> &Input(const std::string &name)
const;
    const std::vector<std::string> &Output(const std::string &name)
const;
    Attribute GetAttr(const std::string &name) const;
    const std::unordered_map<std::string, Attribute> &GetAttrMap()
const;
private:
};
```

演算法最佳化包括降低演算法本身的複雜度，比如對於某些條件下的卷積操作，可以使用複雜度更低的 Winograd 演算法，以及後面會提到的 kernel 融合等思想。爲了帶來更高的計算性能和輸送量，端點晶片通常會提供低位元寬度的定點計算能力。測試結果表明，8 bit 模型定點運算效率比 float 模型定點運算效率高 20% ～ 50%。除 CPU 最佳化外，多硬體平台覆蓋也是一個很重要的實現方向。目前 Paddle-Lite 已經支持的軟硬體平台如下。

- ARM CPU：使用 ARM CPU 執行深度學習任務是最基本和通用的技術。但是，CPU 計算能力相對較弱，還需要承擔主執行緒的 UI 繪製工作，因而在 App 中使用 CPU 執行深度學習計算任務的壓力較大。我們針對 ARM CPU 做了大量最佳化工作，隨著硬體的發展，未來的專有 AI 晶片和 GPU 將更加適合做這項任務。
- iOS 平台 GPU：iOS 平台 GPU 由 Paddle-Lite 團隊使用 metal 支援直接編寫，支援的最低版本的系統是 iOS 9。蘋果公司官方 AI 計算框架 CoreML 要在主流的 iOS 11 上才能完整使用。目前，相關代程式也已在 GitHub 上全部開源。
- Mali GPU：廣泛存在於華為等品牌的主流機型中，其組成結構圖如圖 8-10 所示。Paddle-Lite 團隊使用 OpenCL 對 Mali GPU 做了 Paddle 模型支援。在較高端的 Mali GPU 上，已經可以實現非常高的性能了。

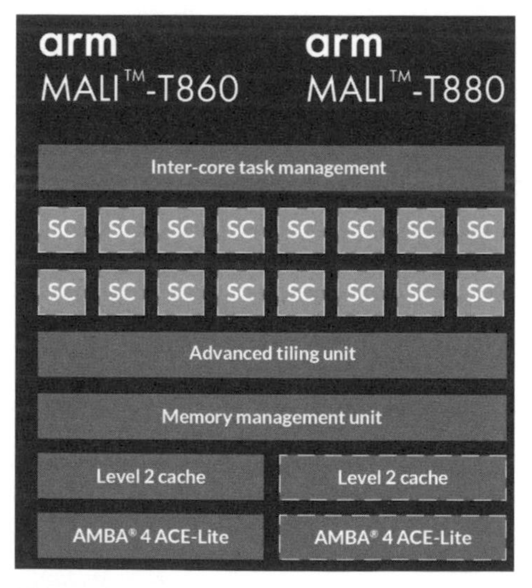

圖 8-10　Mali GPU 官方提供的組成結構圖

- Adreno GPU：高通設計的端側 GPU，我們團隊同樣基於 OpenCL 對其進行了最佳化實作。其高性能、低功耗的優勢在 Paddle-Lite 框架執行時得到了驗證。

- FPGA ZU 系列：該系列工作程式碼已經可以運作，在 GitHub 上可以找到相關程式碼。FPGA ZU 系列對 ZU9 和 ZU5 等開發版完全支持。FPGA ZU 系列的計算能力較強，深度學習功能可以在 GitHub 上找到，如果對 FAGA ZU 系列感興趣，也可以到 GitHub 上瞭解設計細節和程式碼。
- H5 網頁版深度學習支持：Paddle-Lite 正在實現底層基於 WebGL 的網頁版深度學習框架（如圖 8-11 所示），使用的是 ES6。後續會使用 WebAssembly 和 WebGL 並行融合的設計，在性能上進一步提高。該功能目前已在 GitHub 上開源，對於人臉檢測辨識等功能有良好的支援。

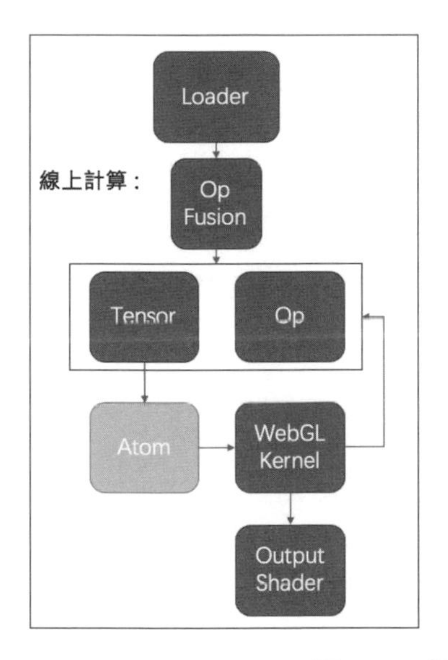

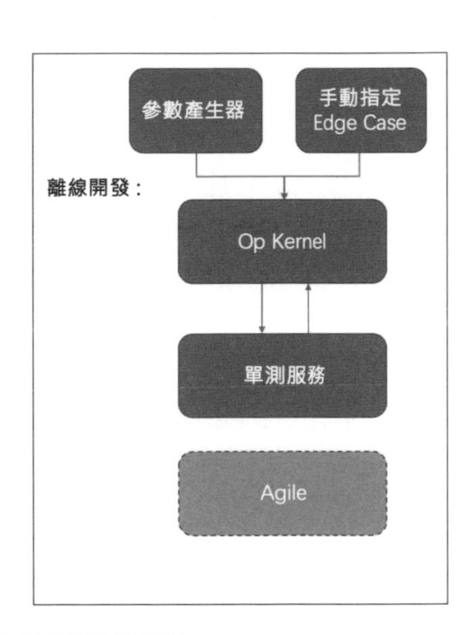

圖 8-11　網頁版深度學習框架設計

- 樹莓派、RK3399 等開發版：樹莓派、RK3399 系列等硬體被開發者大量使用，Paddle-Lite 也對它們做了支持，解決了很多問題，目前樹莓派、RK3399 等 ARM-Linux CPU 版本可以一鍵編譯。圖 8-12 所示是樹莓派 3。

圖 8-12　樹莓派 3

作爲國內全面支持各大平台的行動端深度學習框架，Paddle-Lite 從行動端的特點出發，針對性地做了大量的最佳化、平台覆蓋工作，並且保持了性能高、體積小等諸多優勢。對國內開發者更友好，中文文件檔被重點維護，有任何問題都可以到 GitHub 上發 issue。該社區不僅可以爲行動端場景落地深度學習提供支援，也很歡迎相關愛好者加入，爲行動端深度學習技術的發展貢獻力量。

8.3.3　視覺搜索的高級形態：即時影片串流式搜索

還記得第 1 章中的 AR 即時翻譯功能嗎？經過多個章節的學習，如果現在回頭去看 AR 即時翻譯的內容，應該就可以從整體上來理解 AR 即時翻譯了。接下來一起看一下我們團隊在百度 App 中上線的視覺搜索新功能。

這個功能叫 Lens，是一種即時的影片串流式搜索功能。它是基於行動端即時感知和雲端視覺搜索的類人眼視覺 AI 能力，能夠實現所見即所得的資訊瀏覽體驗。Lens 可以即時檢測取景框內的多個主體，同時，透過毫秒級回應的大分類的識別能力，能夠快速告知使用者各主體的大分類，進而幫助使用者快速篩選要辨識的主體。在出現辨識結果後會標記多個目標，使用者點選任何一個目標後，就會快速出現搜索結果。

人眼對視覺信號的反應時間是 170ms ～ 400ms，剛進入視野的物體能夠被快速看見，當視角發生變化時，在發現新視野中的物體的同時，也能夠建立與舊視野內物體的對應關係。表現到技術上，分爲兩個問題：單幀圖像的物體檢測的性能，以及連續幀圖像物體檢測的穩定性。

單幀圖像的物體檢測的性能包括準確率、召回率和檢測速度。過深的CNN對應的耗時也較長。而且行動終端GPU和伺服器端GPU的性能相比，還會有至少一個數量級的差距，耗時更長。

因此，我們團隊選擇構建羽量級的MobileNet網路結構，實現行動端物體檢測，並且建立覆蓋通用場景的百萬級別物體檢測圖片資料集。針對基礎模型進行壓縮，進一步提升預測速度，同時模型運作在百度自行研發的行動端深度學習預測框架Paddle-Lite上，作為PaddlePaddle的行動端預測引擎，針對嵌入式手機等平台的計算晶片做了大量最佳化，最後在手機端實現了單幀多目標檢測耗時小於60ms，主要物體檢測準確率和召回率均在95%以上。

連續幀圖像物體檢測的穩定性是團隊面臨的一個新挑戰，它主要的問題是在連續幀上不斷地進行物體檢測時，如何量化地檢測物體的狀態變化。

在圖像上物體的微小平移、尺度、姿態變換，都會導致CNN輸出變化劇烈。我們團隊提出了一種行動終端基於視覺跟蹤的連續幀多目標檢測方法，在即時連續幀資料上，短時間保持物體的跟蹤狀態，並在相機視野中的物體發生變化時，在檢測模型中融合跟蹤演算法的輸出，給予最後的穩定的連續幀物體檢測結果。最終幀錯誤率從16.7%降低到2%。

人眼在接收視覺信號後，會由大腦完美地調度，發現、追蹤和多層認知三個環節無縫銜接。在技術實作上，卻需要考慮非常多的因素，包括使用者注意力判斷、注意力集中時的選幀演算法、追蹤和檢測演算法的調度切換策略。

- 在使用者行為及資訊理解層面，未來的百度識圖將會融合多模態的對話模式、多形態的資訊呈現方式，以及多縱深角度的資訊辨識結果，帶來更智慧的視覺理解體驗。到那時，借助智慧設備，我們只需要動動眼睛或說一句話，所需要的資訊就會以AR的方式疊加到我們面前。
- 在技術應用層面，百度識圖將會成為跨平台應用，並持續豐富物體高級感知的維度。核心運行庫大小300KB，幾乎可以嵌入任何支援深度學習模型運行的終端平台，例如智慧硬體、一些智慧攝像頭、無人駕駛汽車等。

現在主流視覺搜索已經包含幾十個場景，包括掃描商品，找同款、比價格；掃描植物，學習辨認技巧、查看養護知識；掃描蔬菜、食材，看熱量、知功效、知做法；掃描明星，看八卦、追行程；掃描汽車，瞭解型號、價格；掃描紅酒，查酒莊、年份；掃描題目，搜答案、看解析。此外還有 AR 翻譯、文字、圖書、海報、藥品、貨幣、電影等多種品項類別的認知能力。雖然提供的服務項目較多，但是拍照體驗卻亟待提升。在應用 Lens 技術後，打開百度視覺搜索，無須拍照，毫秒內自動掃描並鎖定鏡頭內檢測到的全部物體，即時回應它們是什麼。

一般理解就是圖 8-13 中的效果，可以即時找到現實世界的物體，並對其理解和標註。這樣一種全新的視覺搜索方式與之前的方式相比有哪些提升呢？即時影片串流方式搜索包含了一個產品和技術的進化反覆運算過程。

透過精細的工程開發，我們將百度識圖的耗電量控制在每 10 分鐘 2% 以內，滿足了行動端部署對能量損耗的要求。這一過程的最佳化方案使用了前面所講的耗電最佳化辦法，從記憶體出發來解決耗電問題是計算過程的核心方法。

我們團隊於 2018 年年底上線了 Android 和 iOS 兩個平台的百度 App 的 GPU 計算庫。該模型應用了 Lens 這一功能，是業界首創的本地“多目標辨識 + 大分類辨識”的即時辨識模型，第一次完成了大規模使用行動端 GPU 進行深度學習計算。現在，在 iOS 和 Android 平台上的百度 App 都已經可以體驗這項功能了。

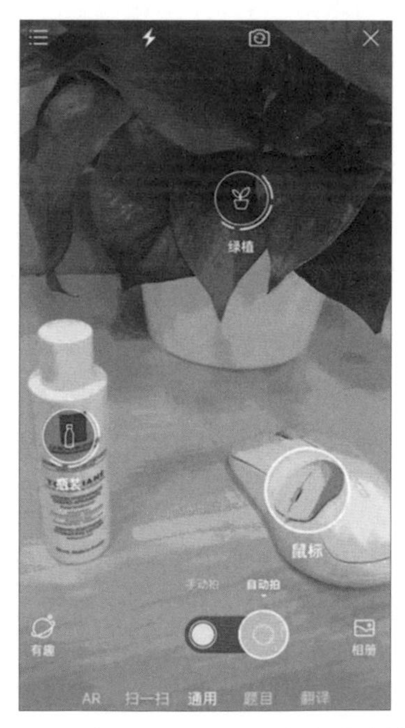

圖 8-13　多主體即時影片串流方式搜索